全国职业培训推荐教材
人力资源和社会保障部教材办公室评审通过
适合于职业技能短期培训使用

装饰装修电工

主　编　王　臣
副主编　张振铭　李德信

中国劳动社会保障出版社

图书在版编目(CIP)数据

装饰装修电工/王臣主编. —北京：中国劳动社会保障出版社，2009

职业技能短期培训教材

ISBN 978-7-5045-7547-0

Ⅰ. 装… Ⅱ. 王… Ⅲ. 建筑装饰-工程装修-电工-技术培训-教材 Ⅳ. TU85

中国版本图书馆 CIP 数据核字(2009)第 083924 号

中国劳动社会保障出版社出版发行

（北京市惠新东街 1 号　邮政编码 100029）

出 版 人：张梦欣

*

北京市朝阳展望印刷厂印刷装订　新华书店经销

850 毫米×1168 毫米　32 开本　5 印张　121 千字

2009 年 6 月第 1 版　2010 年 7 月第 7 次印刷

定价：10.00 元

读者服务部电话：010-64929211

发行部电话：010-64927085

出版社网址：http://www.class.com.cn

前言

职业技能培训是提高劳动者知识与技能水平、增强劳动者就业能力的有效措施。职业技能短期培训，能够在短期内使受培训者掌握一门技能，达到上岗要求，顺利实现就业。

为了适应开展职业技能短期培训的需要，促进短期培训向规范化发展，提高培训质量，中国劳动社会保障出版社组织编写了职业技能短期培训系列教材，涉及二产和三产百余种职业（工种)。在组织编写教材的过程中，以相应职业（工种）的国家职业标准和岗位要求为依据，并力求使教材具有以下特点:

短。教材适合 15～30 天的短期培训，在较短的时间内，让受培训者掌握一种技能，从而实现就业。

薄。教材厚度薄，字数一般在 10 万字左右。教材中只讲述必要的知识和技能，不详细介绍有关的理论，避免多而全，强调有用和实用，从而将最有效的技能传授给受培训者。

易。内容通俗，图文并茂，容易学习和掌握。教材以技能操作和技能培养为主线，用图文相结合的方式，通过实例，一步步地介绍各项操作技能，便于学习、理解和对照操作。

这套教材适合于各级各类职业学校、职业培训机构在开展职业技能短期培训时使用。欢迎职业学校、培训机构和读者对教材中存在的不足之处提出宝贵意见和建议。

人力资源和社会保障部教材办公室

简介

本书是职业技能短期培训系列教材之一。内容包括四个单元，第一单元主要介绍电工基础知识、电工工具和仪表、接线工艺、安全用电等基础知识；第二单元介绍装饰装修电工识图；第三单元介绍室内配电线路的布线、插座开关的安装及室内线路质量验收；第四单元介绍室内照明的基础知识及常用照明灯具和电器的安装。

本书适合于各级各类职业学校、职业培训机构在开展职业技能短期培训时使用，也可供建筑施工、家庭装修等技术和管理人员参考使用。

本书由黑龙江技师学院王臣、张振铭、李德信、崔凤娟、于淑华、刘建才编写，王臣主编，张红、张国忠主审。

目录

第一单元　电工基础知识…………………………………（1）

模块一　基本概念……………………………………………（1）
模块二　常用电工工具和仪表………………………………（12）
模块三　安全用电……………………………………………（25）
模块四　接线工艺……………………………………………（32）

第二单元　装饰装修电工识图……………………………（64）

模块一　建筑平面图…………………………………………（64）
模块二　装饰装修电气识图…………………………………（72）

第三单元　室内配电线路…………………………………（85）

模块一　室内线路的安装要求和配线工序…………………（85）
模块二　线槽布线……………………………………………（91）
模块三　线管布线……………………………………………（96）
模块四　插座与开关的安装…………………………………（117）
模块五　室内线路质量验收…………………………………（120）

第四单元　室内照明设计与电器安装实例………………（123）

模块一　照明设计基础………………………………………（123）
模块二　室内照明设计与要求………………………………（132）
模块三　照明灯具的安装……………………………………（139）
模块四　电风扇和抽油烟机的安装…………………………（149）

第一单元　电工基础知识

学习要点：

1. 了解电的基本概念和安全用电常识。
2. 掌握电工工具的使用方法和接线工艺。

模块一　基本概念

一、电路及基本物理量

1. 电路

电流所经过的路径叫做电路。

电路由电源、负载和导线三个部分组成，如图 1—1 所示为一个简单的照明电路。

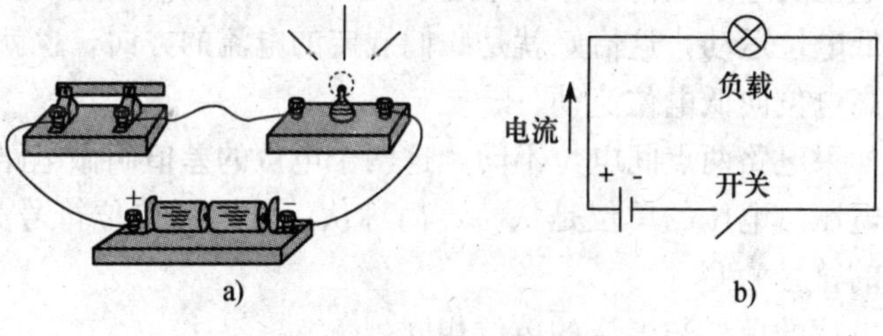

图 1—1　简单的照明电路
a）实物连接图　b）电路图

（1）电源。电源是提供电能的装置。如手电筒里的电池，汽车电路里的蓄电池、发电机等。发电机把机械能转变为电能，干电池把化学能转变为电能。

（2）负载。负载是使用电能的用电器。如日光灯、洗衣机、电风扇等。

（3）导线。导线是连接电源和负载使其成为闭合回路的装置，这样电荷才能在电源作用下，通过导线→负载→导线回到电源，进行定向运动形成电流。

一般电路中还有开关、熔断器等元器件，这些元器件所起的作用和导线是一样的，是一段可以操作的导线，可以在需要的时候方便地切断或接通电路。

2. 电流

电荷有规则的定向移动，叫做电流。我们用电流强度来衡量电流产生的各种效应的强弱。电流强度简称电流。电流的单位是安培，简称安，其国际单位符号为A。电流的符号为I。

如果电流的大小和方向都不随时间变化，则称这种电流为直流电流。如果电流的大小和方向都随着时间变化，则称这种电流为交变电流，简称交流电。我们平常所用的是一种大小和方向按正弦规律变化的交流电。

3. 电位和电压

电位反应了电荷在电路中运动时所处的位置，正电荷从高电位向低电位运动，这恰好就是我们规定的电流的方向，也就是电流从高电位向低电位流动。

如果电路两点间电位不同，这两个电位的差值叫做电路两点间的电压。电压的单位是伏特，简称伏，其国际单位符号为V。电压的符号为U。

电位的单位与电压的单位相同。

在直流电路中，电压与电流的方向是一致的。

4. 电动势

电荷在电路中运动，动力来源是电源。电源的负极是低电位，正极是高电位，电源把正电荷从低电位通过电源内部搬运到高电位。反映电源搬运电荷能力的物理量，叫做电源的电动势。电动势的单位与电压的单位相同，也是伏。电动势的符号为 E。

5. 电阻

电阻是电荷在物体中运动所受到的阻力，是物质本身具有的导电特性。自然界的物质按其导电特性分为容易导电的导体，如铜、铝等各类金属；不容易导电的绝缘体，如橡胶、塑料等；导电能力介于导体与绝缘体之间的半导体，如硅、锗等。

电阻的单位是欧姆，简称欧，其国际单位符号为 Ω。电阻的符号为 R。

常用的电阻单位还有：kΩ（千欧）、MΩ（兆欧）。

$$1\ \mathrm{k\Omega}=1\ 000\ \Omega$$

$$1\ \mathrm{M\Omega}=1\ 000\ \mathrm{k\Omega}$$

电阻在电路中的图形符号如图 1—2 所示。

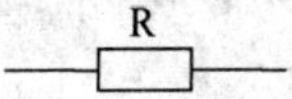

图 1—2　电阻的图形符号

6. 电功率及电能

负载在电路中要消耗电能，一个负载在单位时间内所消耗的电能，叫做电功率。电功率的单位是瓦特，简称瓦，其国际单位符号为 W。电功率的符号为 P。

电功率是一个间接电量，它的值等于负载两端电压 U 与负载中电流 I 的乘积。即：

$$P=UI$$

与欧姆定律结合，可以得到下面形式的电功率公式：

$$P=I^2R \quad 或 \quad P=\frac{U^2}{R}$$

额定电压：用电器正常工作时的电压。常见用电器的额定电压是 220 V。

额定功率：用电器在额定电压下的功率。

因为用电器的额定功率是一定的，如果额定电压是 220 V，计算导线中的电流大小可以用经验公式：

$$I=\frac{P}{U}=\frac{P}{220}\approx 0.005\ P$$

负载工作一段时间所消耗的电能量叫做电能。

要想知道一个负载在工作一段时间 t 后所消耗的电能量 W，可以用下式计算：

$$W=Pt$$

电能的单位是 kW·h（千瓦·时），1 kW·h 电能就是平常所说的一度电。

二、欧姆定律

1. 部分电路欧姆定律

部分电路是指不含电源的一段电路，如图 1—3 所示。

部分电路欧姆定律：流过一段导体中的电流 I，与加在这段导体两端的电压 U 大小成正比，与这段导体的电阻成反比。用数学式表示为：

$$I=\frac{U}{R}$$

上式也可以变形为：

$$R=\frac{U}{I}\quad 或\quad U=IR$$

使用欧姆定律时，必须注意公式中的 I、U、R 必须是同一段电路上的电量。

2. 全电路欧姆定律

全电路是指含有电源的闭合电路，如图 1—4 所示。

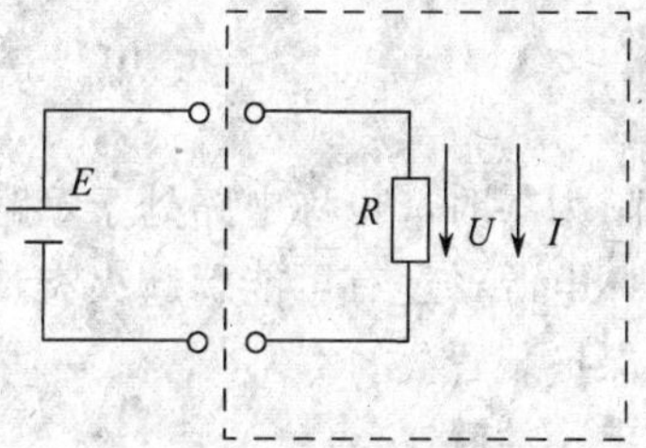

图 1—3　部分电路

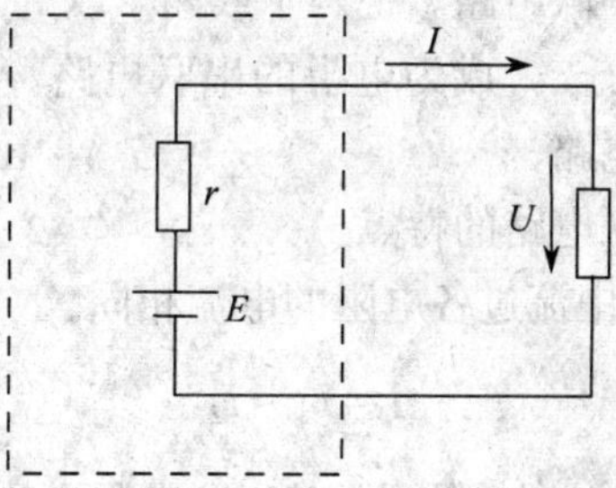

图 1—4　全电路

全电路欧姆定律：全电路中电流 I 的大小与电源的电动势 E 大小成正比，与整个电路的电阻大小成反比。用数学式表示为：

$$I=\frac{E}{r+R}$$

整个电路的电阻包括：负载电阻、电源自身电阻和电路中存在的其他电阻。

三、电路的状态

电路有三种基本状态，即有（负）载状态（通路）、开路状态、短路状态。

1. 有载状态

开关闭合时电路的工作状态称为有载状态。

2. 开路状态

当外电路断开时，电路处于开路状态。此时路端电压等于电动势。

3. 短路

当外电路电阻为零时，也称电路处于短路状态。此时的电流很大，不但会烧坏电源，还有可能引起火灾，所以电力线路中必须安装熔断器等保护装置。

四、电阻的串、并联

1. 电阻的串联

（1）电阻的串联电路。把两个或两个以上电阻首尾相接连成一串，中间没有分支，成为电阻的串联电路。如图 1—5 所示为两个电阻串联的电路。

（2）电阻串联电路的特点

1）串联电路中流过各电阻的电流相同。

$$I=I_1=I_2$$

2）串联电路的总电阻等于各串联电阻之和。

$$R=R_1+R_2$$

3）串联电路两端的总电压等于各串联电阻上分电压之和。

$$U=U_1+U_2$$

4）各串联电阻上分电压的大小与各电阻阻值的大小成正比。

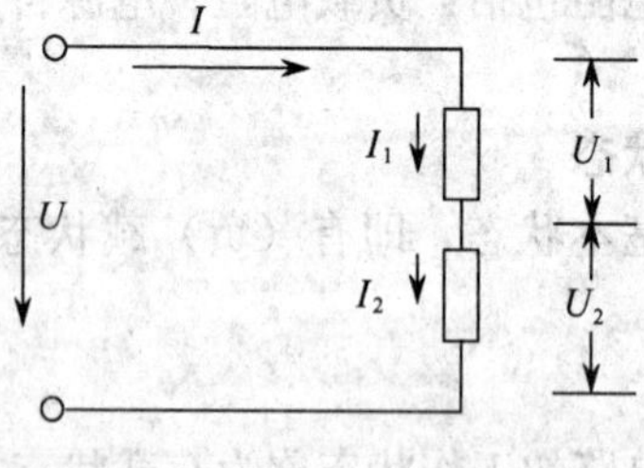

图 1—5　两个电阻串联的电路

(3) 电阻串联电路的用途

1) 增大电路的总电阻。

2) 从高电压中分出低电压。

2. 电阻的并联

(1) 电阻的并联电路。把两个或两个以上电阻接在电路中相同两点之间，成为电阻的并联电路。如图 1—6 所示为两个电阻并联的电路。

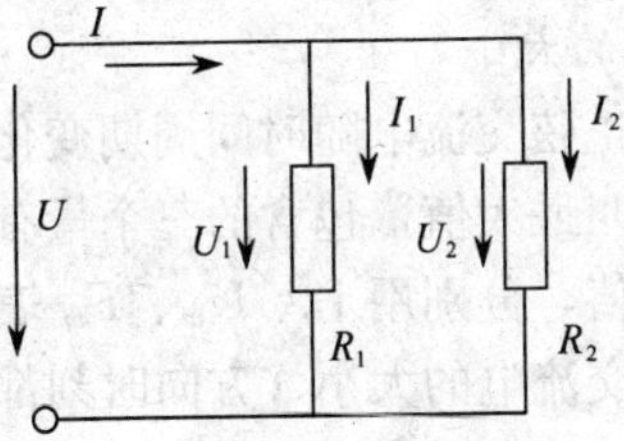

图 1—6 两个电阻并联的电路

(2) 电阻并联电路的特点

1) 并联电路中各电阻的电压相同。

$$U=U_1=U_2$$

2) 并联电路中的总电流等于各电阻上电流之和。

$$I=I_1+I_2$$

3) 并联电路总电阻的倒数等于各并联电阻倒数之和。

$$\frac{1}{R}=\frac{1}{R_1}+\frac{1}{R_2}$$

4) 各并联电阻上电流的大小，与各电阻值的大小成反比。

(3) 电阻并联电路的用途

1) 减小电路的总电阻。并联电阻越多，阻值越小。

2) 各电阻上获得同一电压。

3）从大电流中分出小电流。

五、正弦交流电

在生产和日常生活中应用最广泛的电能是正弦交流电能。正弦交流电被普遍应用的原因在于交流电可以用变压器升高或降低，从而解决了高压输电和安全用电的问题。而且交流电机比直流电机结构简单、效率高、价格便宜和维修方便。

正弦交流电路是指电路中的电动势、电压、电流随时间按正弦规律变化的电路。

1. 正弦交流电的大小

（1）最大值。正弦交流电随时间周期变化过程中出现的最大数值称为幅值，也叫最大值，包含的三个量有正弦交流电流、电压、电动势的最大值，分别用 I_m、U_m、E_m 表示。

（2）有效值。交流电的大小、方向时刻都在变，为了便于分析、计算和测量，常用交流电的有效值来表示其大小。如果在同一个电阻中分别通以直流电流和交流电流，通电时间完全相同，而电阻在相同的时间内产生的热量相同，从发热的效果来看，这两个电流是等效的。于是我们把这个直流电流的大小叫做该交流电流的有效值，并用直流电流的符号 I 表示它。同样，用 U、E 表示交流电压、电动势的有效值。

正弦交流电的有效值与其最大值的关系如下：

$$I_m=\sqrt{2}I=1.414\ I$$

$$U_m=\sqrt{2}U=1.414\ U$$

$$E_m=\sqrt{2}E=1.414\ E$$

我们所说的交流电的大小及电气仪表上所显示的交流电的量值，均为交流电的有效值。各种交流电器铭牌上所标的额定值，也均为交流电的有效值。家庭电路由外面的低压供电线路供电，电压是 220 V，其最大值是 311 V。

注意：在考虑导线及电气设备的耐压时，要考虑交流电的最大值。

2. 频率

交流电在 1 s 内完成周期循环变化的次数称为交流电的频率，频率的符号为 f，单位是 Hz，读作赫兹。

我国电力系统采用的标准频率是 50 Hz，常称为工频。

六、电流的磁场

(1) 磁场

1) 磁场的方向。有些物体具有吸引铁及镍类合金的性质，这种性质叫做磁性，具有磁性的物体叫磁体。磁体上有两个磁性最强的端部，称为磁极。通常称为磁南极（S 极）和磁北极（N 极）。

实验证明，同性磁极相互排斥，异性磁极相互吸引。磁体周围磁力作用的空间范围，叫做磁场。磁极间磁场的方向从 N 极指向 S 极。

2) 磁力线。为了形象地描述磁场的强弱和方向，科学家虚构出一组曲线，叫磁力线，如图 1—7 所示。

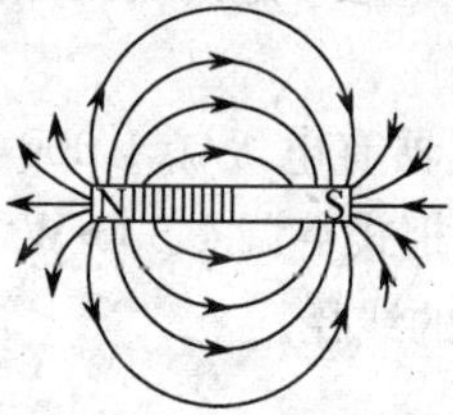

图 1—7 磁力线分布

磁力线是一组不相交的闭合曲线，在磁体外面从 N 极指向 S 极，在磁体内部从 S 极指向 N 极，表示了磁场的方向。

(2) 电生磁。在电流的周围存在磁场，电流越大，磁场越强。平常所使用的磁场大多是用电流获得的，称做电磁场。

(3) 磁场对电流的作用力。一根通电的直导体放到磁场中，会受到力的作用而移动，这种力叫做电磁力。电磁力的大小与磁场强度、电流大小、磁场内导体的有效长度成正比。

（4）磁生电。如果磁场发生变化，在磁场的导体中会产生电动势，成为电源，这种电动势叫做感生电动势，这种现象叫做电磁感应。如果这根导体与外部构成闭合回路，就会有电流流动，这个电流叫做感生电流。

（5）铁磁物质。磁场的一个性质是可以吸引铁、钴、镍等物质，能够被磁场吸引的物质被称为铁磁物质。

七、电流强度计算及导线线径的选择

在实际工作中，有时需要选择导线的粗细（截面），当导线中通过的电流超过允许电流时，导线会发热，甚至造成事故。

一般导线截面的选择，先根据现有的电器和以后可能使用的电器的功率计算出负荷电流，即：

$$I=\frac{P}{U}=\frac{P}{220}\approx 0.005\,P$$

再根据电流大小，考虑一定的安全系数后选择所需导线的线径（截面）。

例：某家庭常用电器有电饭煲 1 000 W，40 W 的照明灯泡 3 个，洗衣机 500 W，柜式空调 1 500 W，彩电 200 W，淋浴器 2 000 W，试选择导线的线径。

解：

消耗总功率：$P=1\,000+40\times 3+500+1\,500+200+2\,000=5\,320$（W）

主线路总电流：$I\approx 0.005\times 5\,320=26.6$（A）

淋浴器线路电流：$I\approx 0.005\times 2\,000=10$（A）

根据电流大小和敷设条件要求，可查表 1—1 或表 1—2 直接选择所要使用的导线的线径。

主线路采用铜导线（3 根）穿塑料管暗敷设，查表 1—1 选取铜芯单股绝缘导线：直径最小为 2.2 mm（截面为 4 mm²）。

或主线路采用铝导线（3 根）穿塑料管暗敷设，查表 1—2 选取铝芯单股绝缘导线：直径最小为 2.7 mm（截面为 6 mm²）。

表 1—1　500 V 铜芯绝缘导线长期连续负荷允许载流量表

导线截面 mm²	线芯结构			导线明敷设（A）				绝缘导线多根同穿在一根管内时允许负荷电流（A）					
								25℃					
	股数	单芯直径 mm	成品外径 mm	25℃		30℃		穿金属管			穿塑料管		
				橡皮	塑料	橡皮	塑料	2 根	3 根	4 根	2 根	3 根	4 根
1.0	1	1.1	4.4	21	19	20	18	15	14	12	13	12	11
1.5	1	1.3	4.6	27	24	25	22	20	18	17	17	16	14
2.5	1	1.7	5.0	35	32	33	30	28	25	23	25	22	20
4	1	2.2	5.5	45	42	42	39	37	33	30	33	30	26
6	1	2.7	6.2	58	55	54	51	49	43	39	43	38	34
10	7	1.3	7.8	85	75	79	70	68	60	53	59	52	46

表 1—2　500 V 铝芯绝缘导线长期连续负荷允许载流量表

导线截面 mm²	线芯结构			导线明敷设（A）				绝缘导线多根同穿在一根管内时允许负荷电流（A）					
								25℃					
	股数	单芯直径 mm	成品外径 mm	25℃		30℃		穿金属管			穿塑料管		
				橡皮	塑料	橡皮	塑料	2 根	3 根	4 根	2 根	3 根	4 根
2.5	1	1.7	5.0	27	25	25	23	21	19	16	19	17	15
4	1	2.2	5.5	35	32	33	30	28	25	23	25	23	20
6	1	2.7	6.2	45	42	42	39	37	34	30	33	29	26
10	7	1.3	7.8	65	59	61	55	52	46	40	44	40	35

淋浴器采用铜导线（3 根）穿塑料管暗敷设，查表 1—1 选取铜芯单股绝缘导线：直径最小为 1.1 mm（截面为 1 mm^2）。

模块二　常用电工工具和仪表

一、验电器、旋具和电工刀

1. 验电器

验电器是用来检验导线和电气设备是否带电的常用电工工具。低压验电器有笔式、旋具式、数字式等。如图 1—8 所示。

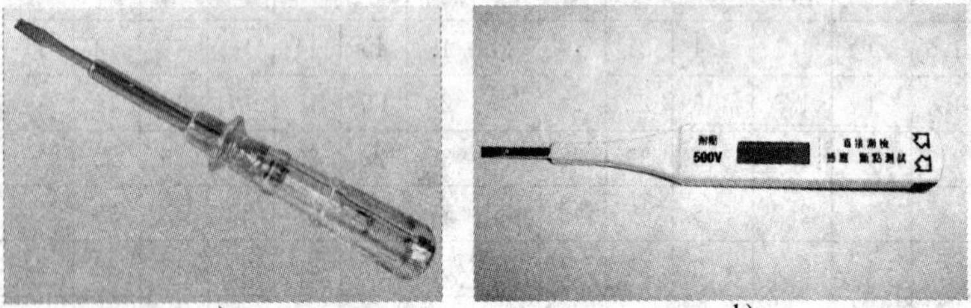

a)　　　　b)

图 1—8　低压验电器

a）旋具式　b）数字式

（1）使用方法。以笔式验电器为例，使用时用手触及验电器尾部的金属体，让氖管背光朝向自己，以便于观察，将笔尖触及带电体。当被测带电体与大地之间的电位差超过 60 V 时，验电器中的氖管就会发光。低压验电器电压测试范围是 60～500 V。

（2）使用要求

1）使用前应在确有电源处测试检查，确认验电器良好后方可使用。

2）验电时应将验电器逐渐靠近被测体，直至氖管发光。只有在氖管不发光时，并在采取保护措施后，才能与被测物体直接接触。

（3）用途。区别相线与零线；区别电压高低；区别直流电与交流电；区别直流电的正负极性；识别相线碰壳带电情况等。

2. 旋具

旋具是一种紧固和拆卸螺钉的工具，按其头部形状分成一字形和十字形两种，如图 1—9 所示。

3. 电工刀

电工刀是用来剖削导线绝缘层的工具。使用时刀口朝外进行剖削，如图 1—10 所示。

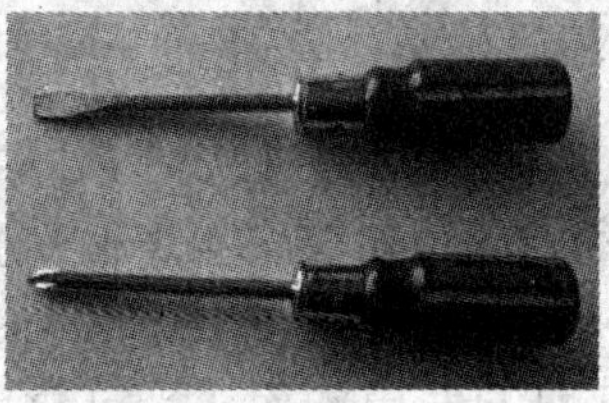

图 1—9　旋具

图 1—10　电工刀

二、电工用钳

1. 钢丝钳

钢丝钳是一种钳夹和剪切工具，由钳头和钳柄组成。钳头上的钳口用来弯绞或钳夹导线线头；齿口用来旋动螺母；刀口用来剪切或剖切软导线绝缘层；铡口用来铡切较硬的线材，如图 1—11（上）所示。

2. 尖嘴钳

尖嘴钳头部尖细，适用于在狭小的空间夹持较小的螺钉、垫圈、导线，还适用于将导线弯成一定的形状。尖嘴钳如图 1—11（下）所示。

3. 剥线钳

剥线钳是用来剥下小直径导线绝缘层的专用工具，如图 1—12 所示。

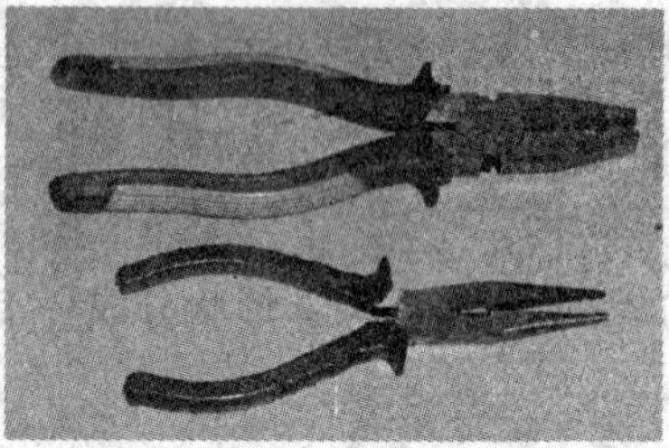

图 1—11　钢丝钳和尖嘴钳

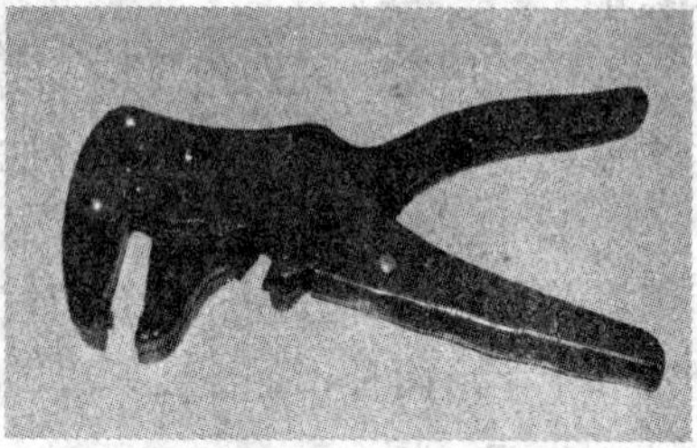

图 1—12　剥线钳

三、手电钻、冲击电钻和射钉枪

1. 手电钻

手电钻是装饰装修施工中应用非常广泛的一种小型机具，它具有体积小、结构紧凑、输出功率大、转速快、噪声低、质量轻、效率高、维修方便等优点。手电钻主要用于金属、塑料、木材、砖等材料的钻孔、扩孔，如果配上专用工作头，可完成打磨、抛光、拆装螺钉等工作。其外形如图 1—13 所示。

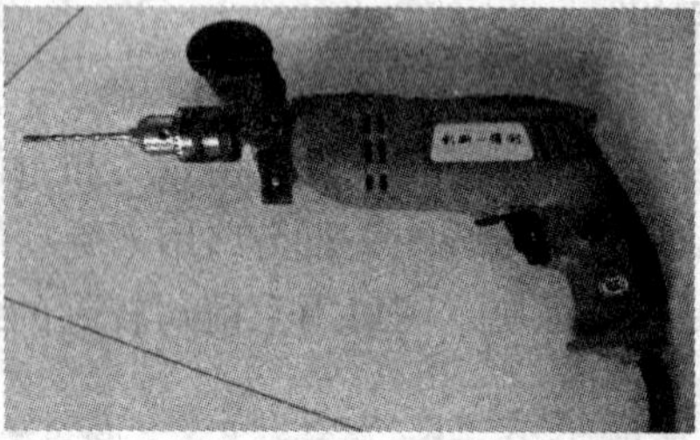

图 1—13　手电钻

（1）分类。手电钻分类方法有很多，一般按构造、功能等划分。按构造可分为单向单速钻和多速正反转钻。按手柄形状可分为双侧手柄、枪柄、后托架、环柄等形式。按手电钻的使用范围可分为标准型、重型和轻型。重型电钻输出功率和转矩都比较大，主要用于钢材的钻削，具有较高的钻削效率，可施加较大的轴向力；轻型电钻输出功率和转矩均较小，主要用于有色金属、铸铁、塑料等材料的钻孔，也可用于普通钢材钻孔，但不可施加太大的轴向力。标准型电钻性能和使用范围介于重型和轻型电钻之间。按电源种类的不同，手电钻有单相串励电钻、直流电钻、三相交流电钻等。直流电钻电源一般是用功能充电电池，目前直流电钻已被广泛采用。

（2）选择。选择手电钻应遵循以下几个原则：

1）根据工作内容选择功率适宜的手电钻，要求既不会使其因超负荷运行受损，也不会造成浪费。

2）根据工作环境选择使用交流手电钻或充电式直流手电钻。在现场无电源线或距离电源较远处施工，适合采用充电式直流手电钻。在操作空间狭小，其他电钻根本无法使用时可选择单向电钻。另外单向单速手电钻结构简单、操作简便，适用于单一品种材料钻孔。当加工较厚钢板或复合材料时，则应使用多速正反转电钻，以便应对材料质地不同引起的钻头被卡等问题。

3）钻头的选择。手电钻钻头的形式多种多样，按钻头排屑方式的不同，分为外排屑式麻花钻头和内排屑式空心钻头、孔钻头。外排屑式麻花钻头应用较多，空心钻头或孔钻头应用较少。麻花钻头又分为两种：一种整体均为合金钢制成，另一种只在钻头刃部镶有硬质合金。按钻头顶角、前角的不同，分为通用钻头、毛坯钻头、青钢飞屑钻头、薄板钻头等。常用的是通用钻头和薄板钻头。通用钻头顶部尖锐，排屑连续，钻孔位置准确，钻入力强，适用于加工较厚、较硬的材料。薄板钻头切削刃部为复合硬质合金，顶部有定位导向中心尖，两个切削刃比中心尖稍低，工作中可预先观察到钻孔位置。这种钻头工作平稳，钻孔底部平整，边缘光滑，效率高，适用于较薄或要求不钻透的材料。按钻头紧固部位形状的不同，可分为六角形钻头和圆柱形钻头。

（3）结构和工作原理

1）结构。手电钻主要由电动机、传动装置、开关、钻头、夹头、壳体、调节套筒及辅助把手组成，直流电钻还配置电池盒。

2）工作原理。通过开关控制电动机转动，带动传动装置使钻头旋转。根据不同要求，选用不同的钻头完成各种作业。

（4）使用方法

1）使用前首先应将工作场所打扫干净，不得在潮湿环境下作业，工作场所应保持一定的亮度。严禁在存放易燃易爆气体、液体（如漆、涂料、轻质汽油、烯料、煤气、乙炔等）的环境中作业。

2）工作时应穿合适的工作服，防止衣角等被卷入手电钻的转动部分。室外作业最好戴橡胶手套、穿防滑胶鞋。

3）作业时双脚站稳，身体要保持平衡。当电钻正常转动后，将钻头垂直对准工作面上的加工点，加力要平稳，以免造成机具和钻头损伤。

4）钻孔完毕退出钻头时，正反转电钻可使电钻反转退出，单向转动电钻则应停止工作后轻轻退出。

（5）注意事项

1）防止产生明火引燃易燃、易爆物品，做好绝缘保护工作，注意与其他工作人员保持一定距离。在某些容易发生触电事故的场合（如金属容器或金属管道内部施工）使用，必须装设额定动作电流小于等于 15 mA、动作时间小于等于 0.1 s 的漏电保护器，以保护操作者的安全。

2）使用前应仔细检查各部件及防护装置有无损伤，检查转动部分的结合状态，以确定其是否可以正常工作。

3）作业前要确认手电钻的电源开关是否关断，若电源开关未关断，将插头插入电源插座时电钻会突然转动，有可能导致严重事故。

4）安装钻头时，应将钻头紧固部分完全插入钻夹头，并用钻夹头扳手拧紧，防止工作中钻头滑脱、松动。

5）操作时应戴安全护目镜和口罩，当噪声较大时，应戴防护耳罩。

6）工作中或刚操作完毕时，钻头很热，不得触摸钻头，以免造成烫伤。

7）电钻完全停止后再放到其他物体上。

8）在往墙壁、地板、天花板上钻孔时，事先应充分了解其中是否埋有电缆或其他管道，以免造成不必要的破坏。

9）严格限制工作环境，严禁在不得使用电钻的场所使用电钻。

10）应在额定输入功率范围内作业。否则，不仅电动机会因过载损坏，还会影响工作精度、降低效率。

2. 冲击电钻

（1）特点及用途

1）特点。冲击电钻是同时具备钻孔和锤击功能的电动机具，它可以同时作手电钻和小型电锤使用。体积比普通手电钻大，比一般电锤小，使用方便，在装修装饰工程中应用非常广泛。作业时，冲击电钻一方面靠冲击凿冲，一方面靠钻头钻入。这样可以减少和避免材质不均作业物中掺有硬物而卡住钻头。另外，冲击电钻均有离合器，它可以在机具超负荷或钻头被卡时自动打滑，从而防止电动机过载烧毁。冲击电钻外形如图1—14所示。

2）用途及选择。冲击电钻具有冲击结构，工作时会产生冲击旋转运动，装上镶有硬质合金的钻头，就可以在砖、混凝土、砌块、瓷砖等脆性材料上钻孔，尤其适用于各种室内外装饰材料和复合材料的钻孔。

在选择冲击电钻时，首先应根据作业面的特点来选择。对于单一材料作业面，一般只用钻孔功能即可；当加工复合材料时，应同时使用冲击、旋转两种功能。在此基础上，再选择合适功率（规格）的冲击电钻。

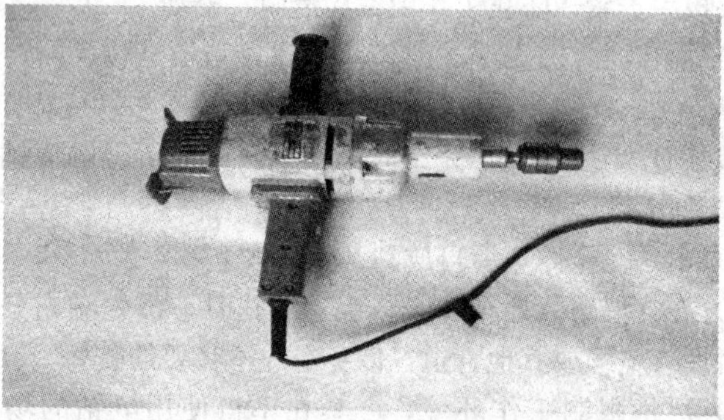

图 1—14　冲击电钻

另外，根据实际需要选择钻头，冲击电钻主要采用直柄的硬质合金（碳化钨合金）钻头和四坑钻头。常用硬质合金钻头的直径有 3、6、8、10、12、14、16、18、20 mm 等；常用四坑钻头的直径有 5、6、8、10、12、14、16、18、20、22、24、25 mm 等。

（2）结构及工作原理

1）结构。冲击电钻由电动机、变速系统、冲击结构（齿盘式离合器）、传动轴、齿轮、夹头、钻头、控制开关及把手等组成。

2）工作原理。冲击电钻以电动机为动力源，经过齿轮变速，带动传动轴旋转，再与齿轮啮合。齿轮是一个动齿盘式离合器，而与齿轮配对的是静齿盘式离合器。在冲击电钻头部的调节环上设有钻头和锤子的标志，把调节环指针调到“钻头”的方向，动离合器就被支起来，与静离合器分离，这时齿轮就直接带动钻头，作单一旋转运动。当把调节环的指针调到“锤子”的方向时，动离合器就被放下来，与静离合器接触，冲击电钻齿轮旋转时通过离合器凹凸不平的接触面，产生冲击运动，传递到钻头上则形成冲击加旋转。

（3）使用注意事项

1）接通电源应使冲击电钻间断试空转 1 min，以检查传动部分和冲击结构转动是否灵活。

2）工作前要确认调节指针是否指在与工作内容相符的地方。

3）作业时需戴护目镜。

4）作业现场不得有易燃、易爆物品。

5）严禁用电源线拖拉机具，以防导线损坏漏电。

6）机具把柄要保持清洁、干燥、无油脂，以便两手能握牢。

7）只允许单人操作。

8）作业中出现卡钻头等问题时，要立即关掉控制开关进行处理。严禁带电硬拉、硬压和用力扳扭，以免发生事故。

9）在作业时不能用力过猛，遇到转速急剧下降时，应减小用力，以防冲击电钻过载。同时应特别注意避开混凝土中的钢筋。如果碰到钢筋，应重新选择作业位置。

10）作业时双脚要站稳，身体要平衡，不允许戴手套作业。

11）在使用中发生故障或发出异响，应切断电源，由专业人员检修。

12）工作前应先将控制开关置于断开位置，再接通电源。工作完毕要先关闭控制开关，再拔电源插头，以免发生事故。

3. 射钉枪

（1）特点及用途。射钉枪是一种低速、活塞式打钉机具，可直接完成坚固工作。它具有自带能源、操作简单、工作安全可靠、施工成本低等优点，是装修装饰工程中常用机具之一。其外形如图 1—15 所示。

射钉枪主要用于在混凝土结构上固定钢材，或用于在钢材上固定木材或钢材。如钢铁件、龙骨、吊顶、门窗、保温板、隔音层、装饰物等的固定，电气设备的安装，电线管路扣环或嵌夹的固定，模型、托架的固定等。

射钉枪有单发弹药和连发自动推进弹药两种，可配备消声装

图 1—15　射钉枪

置。下面主要介绍单发射钉枪。

（2）单发射钉枪的结构与工作原理。单发射钉枪主要由枪栓、弹膛组件、击针、击针弹簧、击杆、枪把、枪管、扳机、消音外套及枪体外套等部分组成，轻型射钉枪有半自动活塞回位、半自动退壳机构。

射钉枪要与钉体和射钉弹簧共同使用，由击针击发射钉弹，以弹内火药爆炸产生的能量将钉体打入钢铁、混凝土、岩石、砖砌体等。射钉弹火药爆炸产生的气体经由枪管排入消音管与消音外套内，使之慢慢散出，以减少噪声。在射钉枪枪口处装有防护罩，以防止射钉时混凝土及砖石碎片飞出伤人，以及避免爆炸气体对周围的冲击。为了确保射钉枪的使用安全，射钉枪上还设置了保险装置。即在击针和击杆之间有 14 mm 的安全距离，击发时必须先压缩 14 mm 才能击发，因而可避免走火伤人。有些型号的射钉枪还装有按钮保险，以达到双重保险的目的。

使用时，需要根据紧固物体的坚硬程度和相应射钉弹的规格选择射钉枪的型号。

(3) 操作方法

1) 装射钉。将钉体装入枪管内，使用与钉体口径相同的通条将钉体推到底。

2) 装弹壳。左手握住前部外套，右手握住枪把，将枪栓拉出到位，把射钉弹装入弹膛，然后把枪拴向里推到位。

3) 击发。将射钉枪防护罩垂直地紧压于工作面上，扣动扳机。射击时如遇弹不发火，重新将射钉枪紧压于工作面，再扣扳机，如仍不发火，应保持数秒，然后退掉。

4) 退壳。将枪栓拉出到位，用手指轻按抛壳杠杆，弹壳便顺利抛出。

(4) 注意事项

1) 工作前检查所有的安全装置，务必完好。

2) 射钉枪必须选择与之配套的弹、钉。

3) 使用射钉枪的人员必须经过培训，严格按规程操作。

4) 基件必须稳定、坚实牢固。禁止在凹凸不平的工作面操作。如果第一枪未能射入，严禁在原处补第二枪，防止射透伤人。在薄墙、轻质墙上打钉时，基体另一面不得有人，以防射穿基体伤人。

5) 只有在工作时才允许装入钉、弹，装好钉、弹的枪严禁枪口对人。

6) 发现射钉枪操作异常时，必须及时将钉、弹取出，切不可随意敲击。

7) 射钉枪用完后，必须清理枪里的碎屑和火药残渣，并将枪机用煤油浸泡擦净，涂油存放。

四、万用表、兆欧表

1. 万用表

万用表是一种多用途的便携式测量仪表，它具有测量范围广、量程多、使用方便、易携带等优点，是电工必备的测量工具。万用表可以用来测量电阻及交、直流电压和电流等电量。万用表的种类繁多，但其基本原理和使用方法大体相同。图 1—16 所示为万用表的外形。

图 1—16　万用表

（1）使用方法

1）在使用万用表之前，应首先检查指针是否指在零位，如果不在零位，调整零位旋钮使之对准零位。

2）将红色表笔和黑色表笔分别插入有“+”“−”号的表笔插孔内。

3）测量电压

①测量直流电压时，应先将转换开关转到直流挡处，判断被测电压的极性，红表笔接正极、黑表笔接负极，极性不能接反。此时万用表与被测电路并联。万用表量程选择由被测电压来决定，若对被测量的电压不清楚，则先应用最高挡，然后逐渐换低挡。换挡时使表笔离开被测物体，不可带电转换量程。

②测量交流电压时，应先将转换开关转换到交流挡处，表笔不分极性，万用表与被测电路并联，量程选择与测量直流电压时相同。

③测量高电压时（2 500 V 量程的交直流电压），应先将接

地表笔接在被测电路接地部分，然后再用红色表笔去接触被测高压电源的火线。测试过程中应严格执行高压操作规程，操作者应站在绝缘良好的地方，且用单手操作，以防触电。

4）测量电流的方法与测量电压的方法相似，只不过把转换开关置于电流挡，万用表与被测电路串联。

5）测量电阻时，首先把转换开关置于“Ω”挡，选择好所需量程，然后将两表笔短接，旋动“Ω”旋钮使指针指零，再进行电阻的测量，每换一次电阻挡量程均应先调零。表盘上的×1、×10、×100、×1 k、×10 k 表示倍率，读出的表针指示值与倍率的乘积即为被测电阻值。测量电路中的电阻时，应断电测量。有电容的线路，应先进行放电，然后测量。决不允许在带电的情况下测量电阻。测量电阻时，不能用手指接触表笔带电部分，以免形成被测电阻与人体电阻并联，导致测量结果不准。

（2）使用注意事项

1）选用万用表量程时，应尽量使表针指示在刻度的 1/2 处，这样读数比较准确。

2）转换开关的位置必须与被测量项目一致。

3）每次用完万用表，应将转换开关置于交流电压最高挡，以免有人误用，造成仪表损坏。另外，也可避免由于量程在电阻挡上，表笔不慎接触，损坏电池。

4）万用表应保持清洁和干燥，防止震动，防止受热、受潮，且放置时应保持水平状态。长期不用时，应将内部电池取出，以免电池电解液渗漏腐蚀表内元件。

2. 兆欧表

兆欧表俗称摇表，是测量高电阻的电工仪表，它一般用来测量线路、电机、电气设备的绝缘电阻。兆欧表所测电阻为兆欧级，因此而得名，其外形结构如图 1—17 所示。

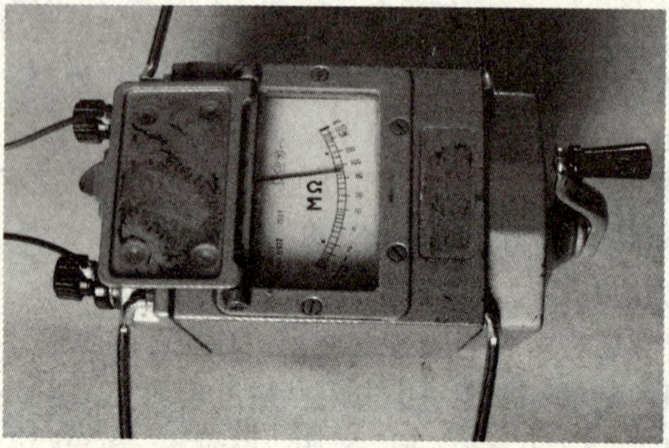

图 1—17　兆欧表

（1）兆欧表的选择。选用兆欧表测试绝缘电阻时，其额定电压一定要与被测电气设备或线路的工作电压适应，其测量范围也要与被测电阻的范围相吻合。一般对于工作电压 500 V 以下的被测设备或线路，应选用 500 V、0～500 MΩ 的摇表；对于工作电压 500 V 以上的被测设备或线路，应选用 1 000 V、0～1 000 MΩ 的摇表；对高压电气设备（10 kV 以上），可选用 2 500 V、0～2 500 MΩ 的摇表。

（2）注意事项

1）使用兆欧表测量设备和线路的绝缘电阻时，须在设备和线路不带电的情况下进行，测量前必须先将电源切断，并使被测设备充分放电，以保证人身和设备安全。

2）兆欧表在使用前须检查完好，检查方法是：将兆欧表平稳放置，先使“L”“E”两个端钮开路，摇动手摇发电机手柄并使转速达到额定值，这时指针应指向“∞”处；然后再把“L”“E”两个端钮短接，再缓慢摇动手柄，指针应指在“0”位上；如果指针不指在“∞”或“0”刻度上，必须对兆欧表进行检修后才能使用。

3）兆欧表有三个接线柱，分别标有“L”（线路）、“E”（接地）和“G”（屏蔽）。屏蔽线的作用是消除表壳表面“L”“E”端的漏电和所测绝缘物表面漏电的影响。测量电力线路或照明线路的绝缘电阻时，“L”端接被测量线路，“E”端接地。测量电缆绝缘电阻时，为消除线芯绝缘层表面漏电所引起的测量误差，还要将“G”端接到电缆线芯的绝缘层上。在进行一般测量时，将被测绝缘电阻接在“L”和“E”端子之间。兆欧表的端子引线须有良好的绝缘，且应选用单根导线分别与引线端子连接，导线不能绞合在一起。

4）使用兆欧表时，发电机手柄摇动速度一般为 120 r/min，切忌忽快忽慢，以免指针摆动加大而引起误差。

5）在测量大容量的电气设备如变压器、电机等时，应有足够的充电时间，摇转 1 min 后才能读取较准确的数值。测量结束，还应立即放电。

6）在测量电容器的绝缘电阻时，需注意电容器的耐压值必须大于兆欧表发出的电压值。测电解电容时还应注意极性。

7）兆欧表使用时应远离强磁场，且应水平放置。被测体表面要干燥、清洁。

模块三　安全用电

一、电流对人身的损害

一般我们常说的触电是指电流流过人体，对人体造成伤害，也叫做电击。

当通过人体的电流较小时，人体会有针刺、打击、疼痛感，会引起肌肉痉挛性收缩；当通过人体的电流较大时，会引起呼吸困难、血压升高、心脏跳动不规则、昏迷等症状，甚至会造成呼吸停止和心脏停止跳动，导致死亡。

决定触电伤害程度的因素主要有两个：触电电流的大小和触

电时间的长短。

通过人体 1 mA 左右电流，就会引起人的感觉，如针刺感。电流达到 15 mA 时，人就无法自己摆脱握在手中的带电导体。电流超过 30 mA 就会导致死亡。

触电电流的大小主要取决于电压和人体综合电阻。人体电阻只有 2 kΩ 左右，而且人的表皮电阻大，体内电阻只有 600～800 Ω，但是由于人总是穿着衣服鞋袜，综合电阻可以达到几十千欧。所以电工在操作时，应穿绝缘良好的电工鞋，增大人体综合电阻。

触电时间短，电流小，不会对人体造成很大伤害，但触电时间长，由于人体的生理反应，紧张出汗，减小了表皮电阻，使触电电流进一步增大，达到伤害电流的程度，就会造成死亡事故。可以用触电电流和触电时间的乘积来鉴定触电伤害事故，当乘积大于 50 mAs（毫安秒）时，就会造成较严重的伤害，甚至死亡。我国规定 30 mAs 为极限值。

按照人体触及带电体的方式，触电可分为以下几种情况。

（1）单相触电。人站在大地上，接触到一相带电导体时，电流经人体流入大地，流回电源，这种触电方式为单相触电。这时加在人体上的是电源相电压，如图 1—18 所示。大部分触电事故是这种触电形式，一般是由于电器或导线等有缺陷，或使用者不小心触及时所造成的。

（2）两相触电。人体同时接到两根不同相的带电体，线电压直接加在人体上，电流从人体流过，造成触电，如图 1—19 所示。这时加在人体上的电压比单相触电时高，后果更为严重，这种情况一般容易发生在电工进行某种操作时。

（3）跨步电压触电。在电压较高的供电线路中，由于某一相导线断落在地面，而电源并没有被切断时，在断线落地处电流成半球形流入大地（球半径约为 20 m）。电压由落地处向外逐步减小，一步间的电压叫跨步电压。

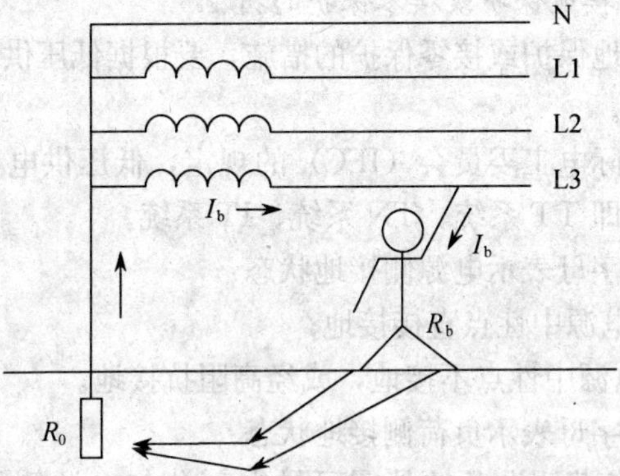

图 1—18　单相触电

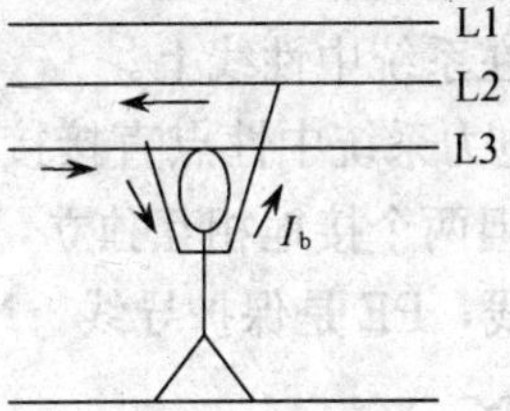

图 1—19　两相触电

二、防止触电的主要措施

为了防止触电事故的发生，必须采取有效的防护措施。

1. 使用安全电压

人体电阻是一定的，接触的电压越低，形成的电流就越小，电压低到一定程度，就不会产生足够危害人体的电流，不会造成触电伤害。我国规定的这一低电压标准为 50 V 以下，叫做安全电压。可以使用的安全电压规格有 42 V、36 V、24 V、12 V 和 6 V。实际中常使用的规格，一般情况下为 36 V；在特殊情况下，如非常潮湿，有导电或腐蚀性气体的场所、在金属平台或金属容器内工作，要使用 12 V 以下的安全电压。

2. 采用接地保护或接零保护的措施

采用接地保护或接零保护的措施，要根据低压供电系统的接地情况来定。

根据国际电工委员会（IEC）的规定，低压供电系统的接地分为三类。即 TT 系统、TN 系统、IT 系统。

第一个字母表示电源侧接地状态：

T——电源中性点直接接地；

I——电源中性点不接地，或经高阻抗接地。

第二个字母表示负荷侧接地状态：

T——负荷侧设备的外露可导电部分与电源侧的接地相互独立；

N——负荷侧设备的外露可导电部分，与电源侧的接地直接进行电气连接，即接在系统中性线上。

（1）TT 系统。电力系统中性点直接接地，电气设备的外露可导电部分也接地，但两个接地相互独立，如图 1—20 所示。图中 DE 是中性点接地线，PE 是保护导线，N 是中性线。

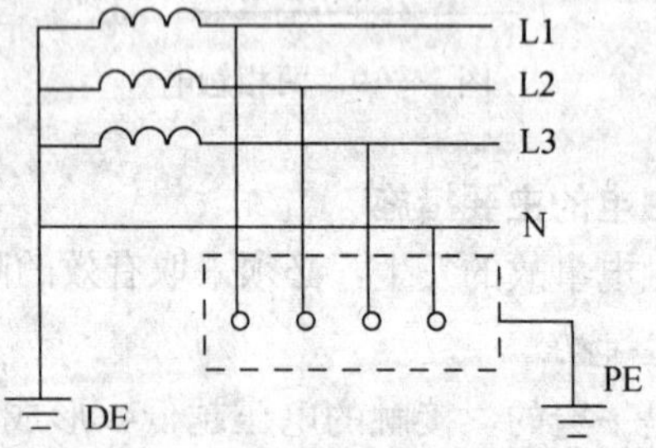

图 1—20　TT 系统

（2）IT 系统。电力系统的带电部分与大地间无直接连接（或有一点经高阻抗接地），电气设备的外露可导电部分接地。IT 系统一般不引出中性线，即前面说的三相三线制供电，如图 1—21 所示。

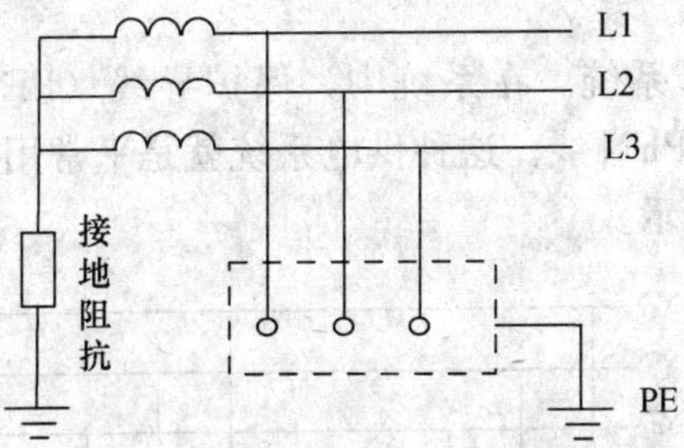

图 1—21　IT 系统

以上两种系统中的电力系统中性点直接接地，叫做工作接地，接地电阻要求小于 4 Ω；电气设备的外露可导电部分接地，叫做保护接地，接地电阻要求小于 4 Ω。

电气设备接地保护的作用是在设备出现漏电故障，外露的金属部分带电时，人意外碰到带电部分，由于人体电阻比接地体的电阻大的多，几乎没有电流流过人体，从而保证了人身安全。

（3）TN 系统。TN 系统的电源中性点直接接地，为常用的三相四线制供电，设备的外露可导电部分与电源中性线相连接，即保护接零。

注意：一般以大地电位为零，中性点直接接地后，电源中性线的电位即为零，这时我们就将中性线叫做零线，保护接零也称保护接零线。

电气设备采用做保护接零线的保护方法，叫接零保护。接零保护的作用是在设备出现漏电故障时，电源相线与设备金属外露部分相接，就相当于直接接在电源中性线上，会造成“相—零”短路，形成较大的短路电流，使线路中的保护电器（如熔断器）迅速动作，将故障设备上的电源断开，从而保护人不会因为触及带电的设备外露金属部分而发生触电。

TN 系统是用得最广泛的一种供电系统，根据中性线和保护导线的布置不同，TN 系统又分为 TN-C 系统、TN-S 系统、

TN-C-S 系统。

1）TN-C 系统。在系统中，保护导线（PE 线）和中性线（N 线）合为 PEN 线。这种供电系统就是平常用的三相四线制，如图 1—22 所示。

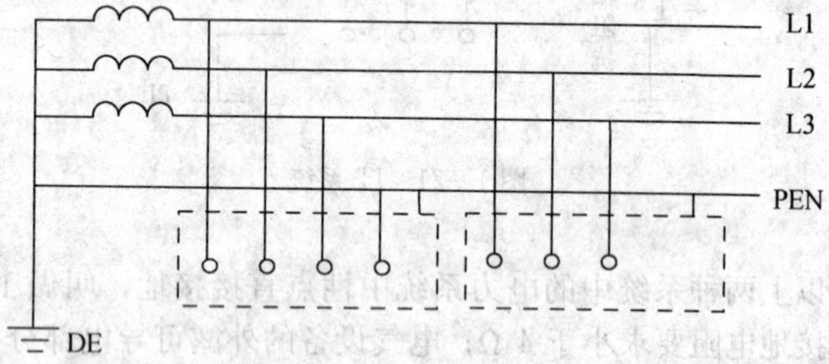

图 1—22 TN-C 系统

2）TN-S 系统。在整个系统中，保护导线与中性线分开，保护导线称为保护零线，中性线称为工作零线，如图 1—23 所示。在工地上有些工人称工作零线为零线，而称保护零线为地线，称相线为火线。所有外露可导电部分均与保护零线（PE 线）相接，工作时 PE 线中没有电流，中性线的电流从工作零线中流通，PE 线不会因通过电流的原因被损坏，这样就保证了 PE 线的可靠性。这种系统的安全可靠性高，施工现场必须使用这种系统，通常称为三相五线制。

3）TN-C-S 系统。在整个系统中，保护导线和中性线开始是合一的，从某一位置开始分开，如图 1—24 所示。在实际供电中，从变压器引出的往往是 TN-C 系统，三相四线制。进入建筑物后，从建筑物总配电箱开始变为 TN-S 系统，加强建筑物内的用电安全性，这种做法也可以称为局部三相五线制。

在 TN 系统中，做保护用的导线，不论是 PE 线还是 PEN 线都绝不能断开，否则设备发生漏电故障时，线路保护电器不会动作，设备外露可导电部分就会带电而发生触电事故。

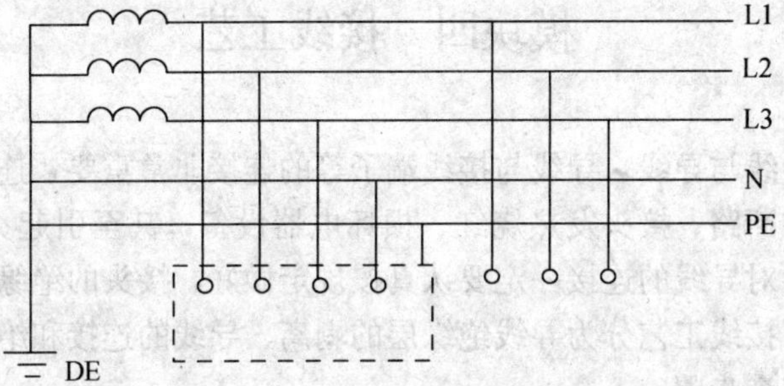

图 1—23 TN-S 系统

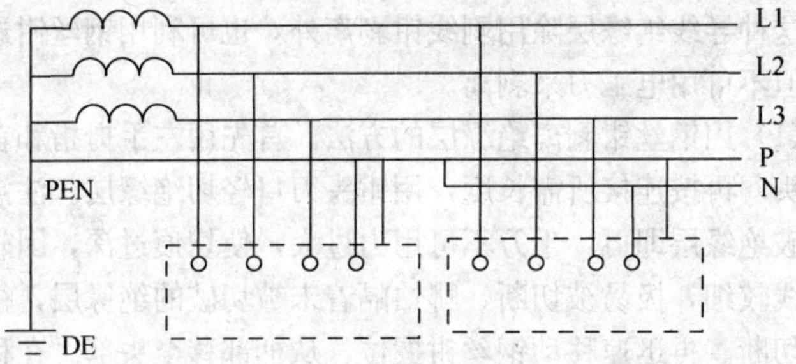

图 1—24 TN-C-S 系统

在 TN 系统中的设备，不准只做保护接地而不做保护接零线，否则做保护接地的设备发生漏电故障时，会引起做保护接零的设备外壳上不同程度的带电，而引起触电事故。

为了确保中性线安全可靠，在中性点直接接地的三相四线制低压供电系统中，中性线还要做重复接地，将中性线上的一点或多点与大地再次做电气连接，重复接地的接地电阻值一般小于 10 Ω。三相五线制（TN-S）中的 PE 线也要做重复接地。

一般规定，架空线路的干线和分支线的终端及沿线每 1 km 处，电源引入车间或大型建筑物处都要做重复接地。

模块四　接线工艺

导线与导线、导线与接线端子等的连接非常重要，连接不良会造成断路、接头发热烧红、损坏电器设备，甚至引起火灾等。因此，对导线的连接一定要认真按规定做好，接头的绝缘层要包缠好。接线工艺分为导线绝缘层的剥离、导线的连接和绝缘层的恢复三个步骤。

一、导线绝缘层的剥离方法

1. 塑料绝缘软线

这种导线绝缘层除用剥线钳剥离外，也可利用钢丝钳进行剥离，但不可用电工刀来剥离。

（1）用钢丝钳剥离绝缘层的方法。首先用左手拇指和食指捏住线头。再按连接所需长度，用钳头刀口轻切绝缘层。注意：只要切破绝缘层即可，千万不可用力过大，使切痕过深，因软线每股芯线较细，极易被切断，哪怕隔着未被切破的绝缘层，往往也会被切断。再迅速移动钢丝钳握位，从柄部移至头部。在移位过程中切不可松动已切破绝缘层的钳头。同时，左手食指应围绕一圈导线，并握拳捏住导线。然后两手反向同时用力，左手抽、右手勒，即可使端部绝缘层脱离芯线。

（2）软线绝缘层剥离要求。不准存在断股（一根细芯线称为一股）和长股（即部分细芯线较其余细芯线长，出现端头长短不齐）。因长股的细芯线就是断裂在绝缘层内部的断股，剥离绝缘层后的芯线，出现断股或长股时，应切断后重新剥离绝缘层。

2. 塑料绝缘硬线

（1）端头绝缘层的剥离。通常采用电工刀进行剥离，但 4 mm^2 及以下的硬线绝缘层，则可用剥线钳或钢丝钳进行剥离。

用电工刀剥离的方法如图 1—25 所示。

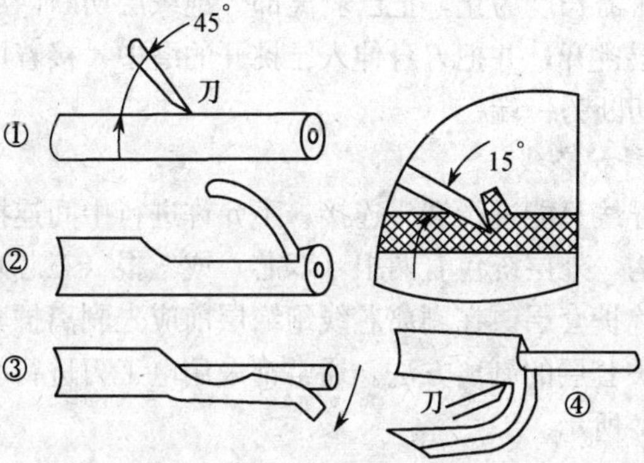

图 1—25　塑料绝缘硬线端头绝缘层的剥离

按连接所需长度，刀身与导线之间呈 45°左右夹角切入绝缘层，至将要切到芯线止。压下刀身，夹角改为约 15°后向线端推削。把余下的绝缘层从端头处与芯线剥离。扳翻至切口根部，再用电工刀将其切断。

(2) 中间绝缘层的剥离。中间绝缘层只能用电工刀剥离，方法如图 1—26 所示。

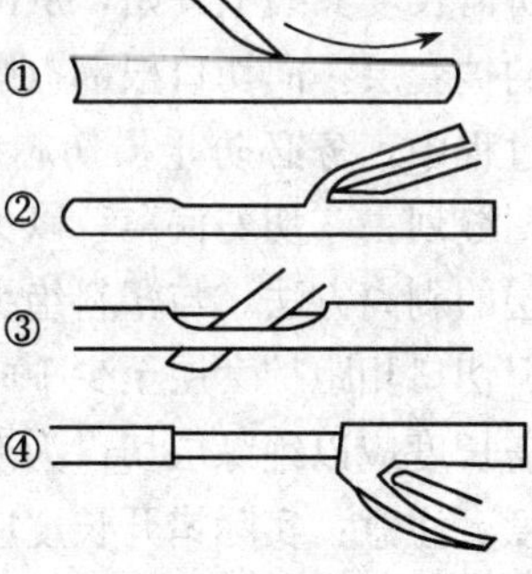

图 1—26　塑料绝缘硬线中间绝缘层的剥离

在连接所需的线段上，依照上述端头绝缘层的剥离方法，推刀至连接所需长度为止，把已剥离部分绝缘层切断，用刀尖把余下的绝缘层挑开，并把刀身伸入已挑开的缝中，接着用刀口切断一端。再切断另一端。

3. 塑料护套线

这种导线只能进行端头连接，不允许进行中间连接。它有两层绝缘结构，外层统包着两根（双芯）或三根（三芯）同规格绝缘硬线，称护套层。在剥离芯线绝缘层前应先剥离护套层。

（1）护套层的剥离方法。通常都采用电工刀进行剥离，方法如图 1—27 所示。

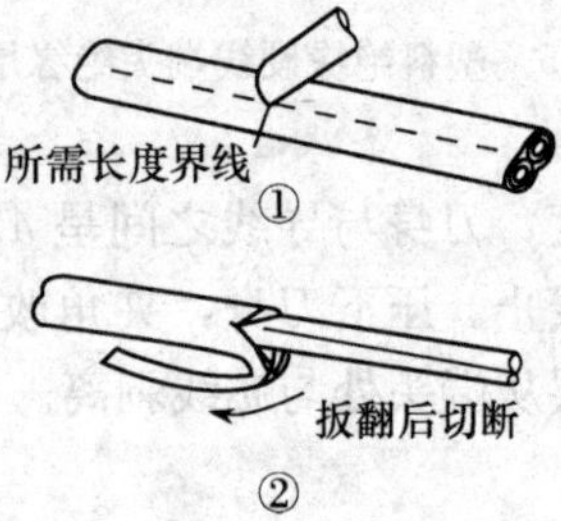

图 1—27　塑料护套线护套层的剥离

用电工刀尖从所需长度界线上开始，从两芯线凹缝中划破护套层，剥开已划破的护套层。向切口根部扳翻，并切断。

注意：在剥离过程中，务必防止损伤芯线绝缘层，操作时，应始终沿着两芯线凹缝划去，切勿偏离，以免切着芯线绝缘层。

（2）芯线绝缘层的剥离方法。与塑料绝缘硬线端头绝缘层剥离方法完全相同，但切口相距护套层至少 10 mm（见图 1—28）。所以，实际连接所需长度应以绝缘层切口为准，护套层切口长度应加上这段错开长度。注意：实际错开长度应按连接处具体情况而定。如导线进木台后 10 mm 处即可剥离护套层，而芯线绝缘层却需通过木台并穿入灯开关（或灯座、插座）后才可剥离。这样，两者错开长度往往需要 40 mm 以上。

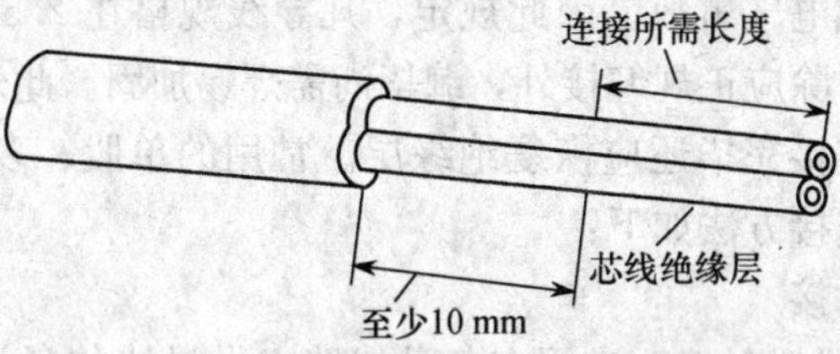

图 1—28　塑料护套线芯线绝缘层的剥离

4. 软电缆（又称橡胶护套线，习惯称橡皮软线）

(1) 外护套层的剥离方法。用电工刀从端头任意两芯线缝隙中割破部分护套层，把割破已可分成两片的护套层连同芯线（分成两组）同时进行反向分拉来撕破护套层，当撕拉难以破开护套层时，再用电工刀补割，直到所需长度为止，扳翻已被分割的护套层，在根部分别切断。

(2) 麻线扣结方法。软电缆或是作为电动机的电源引线使用，或是作为田间临时电源馈线等使用，因而受外界的拉力较大，故在护套层内除有芯线外，尚有 2～5 根加强麻线。这些麻线不应在护套层切口根部剪去，应扣结加固，余端也应固定在插头或电器内的防拉压板中，以使这些麻线能承受外界拉力，保证导线端头不遭破坏。

把全部芯线捆扎住后扣结，位置应尽量靠在护套层切口根部。余端压入防拉压板后扣结。

(3) 绝缘层的剥离方法。每根芯线绝缘层可按剥离塑料绝缘软线的方法剥离。但护套层与绝缘层之间也应错开，要求和注意事项与塑料护套线相同。

二、导线连接方法

1. 铜硬导线的缠绕连接

凡容量较小和导线规格不太大的瓷瓶、瓷柱和瓷夹板线路，若是铜芯导线均可采用缠绕的连接方法。但连接方法必须规范，否则会造成电气事故。因此规定，凡导线规格在 2.5 mm^2 及以上的连接，除应正规缠接外，缠毕尚需焊锡加固。此外，凡是绝缘导线，连接完毕还应恢复绝缘层。常用的单股、多股（7 股）铜线缠绕连接方法如下：

（1）对接

1）单股线对接。应用在各种线路上做导线的延长连接。它的连接方法如图 1—29 所示，先按芯线直径约 40 倍长剥去线端绝缘层，并拉直芯线。

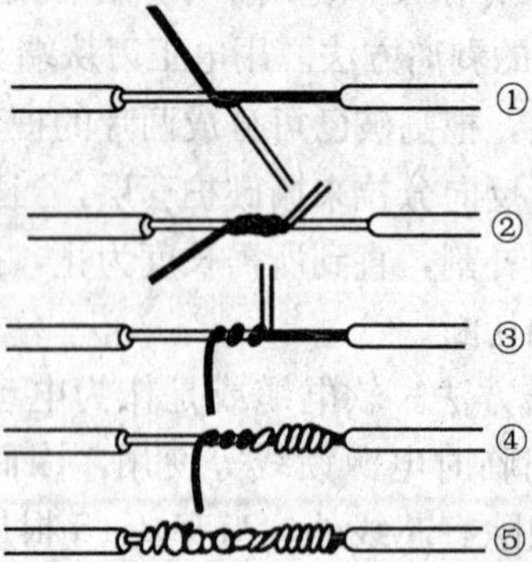

图 1—29　铜硬导线单股线对接

把两根线头在离芯线根部的 1/3 处呈“×”状交叉，如麻花状互相紧绞两圈，先把一根线头扳起与另一根处于下边的线头保持垂直，把扳起的线头按顺时针方向在另一根线头上紧缠 6～8 圈，圈间不应有缝隙，且应垂直排绕，缠毕切去芯线余端，并钳平切口，不准留有切口毛刺，另一端头的加工方法同上。

2）多股线对接。普遍应用于户内外瓷瓶线路和架空线路（采用绝缘铜线）等处的导线延长连接，连接要求和方法如图 1—30 所示。

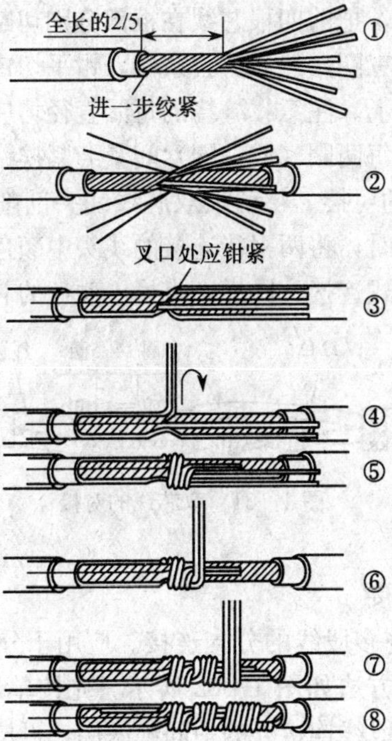

图 1—30　铜硬导线多股线对接

按该多股线中的单股芯线直径的 100～150 倍长度，剥离两线端绝缘层。在离绝缘层切口约为全长 2/5 处的芯线，应作进一步绞紧，接着应把余下 3/5 芯线松散后每股分开，成伞骨状，然后勒直每股芯线。把两伞骨状线端隔股对叉，必须相对插到底。

捏平叉入后的两侧所有芯线，理直每股芯线并使每股芯线的间隔均匀；同时用钢丝钳钳紧叉口处，消除空隙。在一端，把邻近两股芯线在距叉口中线约 3 根单股芯线直径宽度处折起，并形成 90°，接着把这两股芯线按顺时针方向紧缠两圈后，再折回 90°并平卧在扳起前的轴线位置上。接着把处于紧挨平卧前临近的两根芯线折成 90°，并按前面的方法加工。把余下的三根芯线缠绕至第 2 圈时，把前四根芯线在根部分别切断，并钳平；接着把三根芯线缠足三圈，然后剪去余端，钳平切口，不留毛刺。另一端加工方法同上。注意：缠绕的每圈直径均应垂直于下边芯线的轴线，并应使每两圈（或三圈）间紧缠紧挨。

3）双芯线的对接。将两根双芯线线头剖削成如图 1—31 所示的形式。连接时，将两根待连接的线头中颜色一致的芯线按小截面直线连接方式连接。同样，将另一颜色的芯线连接在一起。

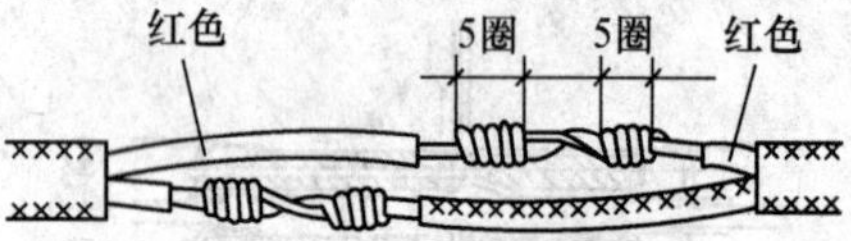

图 1—31　双芯线的对接

（2）分支连接

1）单股线与多股线的分支连接。应用于分支线路与干线之间的连接。连接方法如图 1—32 所示。先按单股芯线直径约 20 倍的长度剥除多股线连接处的中间绝缘层，再按多股线的单股芯线直径的 100 倍左右长度剥去单股线的线端绝缘层，并勒直芯线。

在离多股线的左端绝缘层切口 3～5 mm 处的芯线上，用螺钉旋具把多股芯线分成较均匀的两组（如 7 股线的芯线按 3 股、4 股来分）。把单股芯线插入多股线的两组芯线中间，但单股线芯线不可插到底，应使绝缘层切口离多股芯线约 3 mm 左右。同时，应尽可能使单股芯线向多股芯线的左端靠近，到距多股芯线绝缘层切口不大于 5 mm。接着用钢丝钳把多股线的插缝钳平、钳紧。把单股芯线按顺时针方向紧缠在多股芯线上，务必要使每圈直径垂直于多股线芯线的轴心，并应使圈与圈紧挨，应绕足 10 圈，然后切断余端，钳平切口毛刺。若绕足 10 圈后另一端多股线芯线裸露超过 5 mm 时，且单股芯线尚有余端，则可继续缠

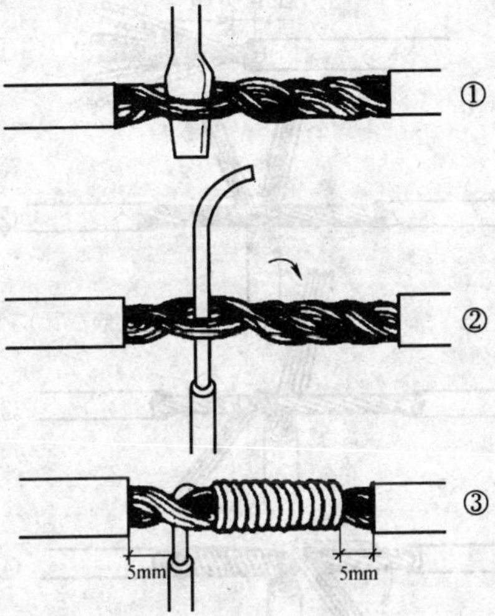

图 1—32　铜硬导线单股与多股线的分支连接

绕，直至多股芯线裸露约 5 mm 为止。

2）多股线的分支连接。适用于一般容量而干支线均由多股线构成的分支连接处。在连接处，干线线头剥去绝缘层的长度约为支线单根芯线直径的 60 倍，支线线头绝缘层的剥离长度约为干线单根芯线直径的 80 倍。然后按图 1—33 所示步骤操作。

把支线线头离绝缘层切口根部约 1/10 的一段芯线进一步绞紧；并把余下的芯线头松散，逐根勒直后分成较均匀且排成并列的两组（如 7 股线按 3 股、4 股分）。在干线芯线中间略偏一端部位，用螺钉旋具插入芯线股间，也要分成较均匀的两组；接着把支线略多的一组芯线头（如 7 股线中 4 股的一组）插入干线芯线的缝隙中（即插至进一步绞紧的 1/10 处）同时移正位置。使干线芯线约以 2/5 和 3/5 的比例分段。其中 2/5 的一段供支线芯线较少的一组（3 股）缠绕，3/5 的一段供支线芯线较多的一组（4 股）缠绕。先钳紧干线芯线插口处，接着把支线 3 股芯线在

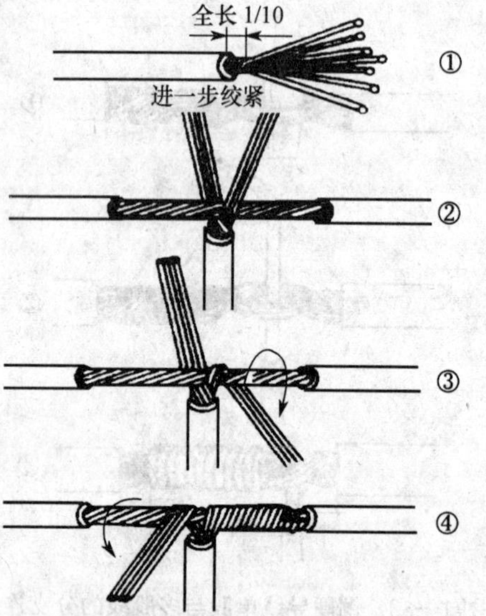

图 1—33　铜硬导线多股线的分支连接

干线芯线上按顺时针方向垂直地紧紧排缠至 3 圈，但缠至两圈半时，即应剪去多余的每股芯线端头，缠毕应钳平端头，不留切口毛刺。

另 4 股支线芯线头缠法也一样，但要缠足四圈，芯线端口也应不留毛刺。

注意：两端若已缠足 3 或 4 圈而干线芯线裸露尚较多，支线芯线又尚有余量时，可继续缠绕，缠至各离绝缘层切口处 5 mm 左右为止。

(3) 多根单股线并头

1）导线自缠法。在照明电路或较小容量的动力电路上，多个负载电路的线头往往需要并联在一起形成一条支路。把多个线头并联一体的加工，俗称并头。并头连接只适用于单股线，并严格规定：凡导线截面积等于或大于 2.5 mm^2，并头连接点应焊锡加固。但加工时前两个步骤的方法相同，它们是把每根导线的绝缘层剥去，所需长度约 30 mm，并逐一勒直每根芯线端。把多根导线捏合成束，并使芯线端彼此贴紧，然后用钢丝钳把成束的芯线端按顺时针方向绞紧，使之呈麻花状。

其加工方法可分为两种情况组织实施：

截面积 2.5 mm^2 以下的，应把已绞成一体的多根芯线端剪齐，但芯线端净长不应小于 25 mm；接着在其 1/2 处用钢丝钳折弯。在已折弯的多根绞合芯线端头，用钢丝钳再绞紧一下，然后继续弯曲，使两芯线呈并列状，并用钢丝钳钳紧，使之处处紧贴。如图 1—34 所示。

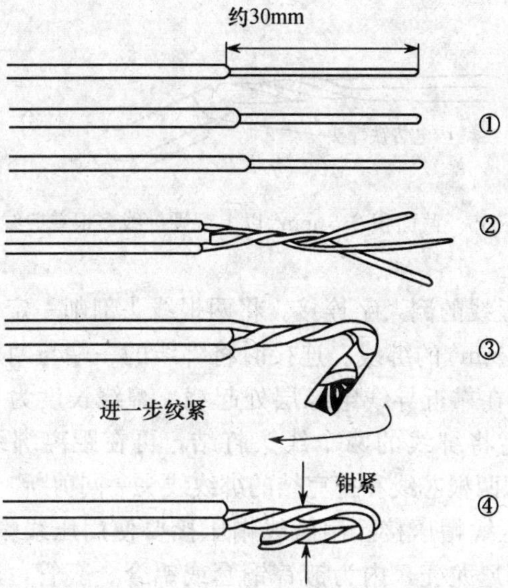

图 1—34　截面积 2.5 mm^2 以下铜硬导线多根单股线并头

截面积 2.5 mm^2 以上的，应把已绞成一体的多根芯线端剪齐，但芯线端上的净长不小于 20 mm，在绞紧的芯线端头上用电烙铁焊锡。必须使锡液充分渗入芯线每个缝隙中，锡层表面应光滑，不留毛刺。然后彻底擦净端头上残留的焊膏，以免日后腐蚀芯线，如图 1—35 所示。

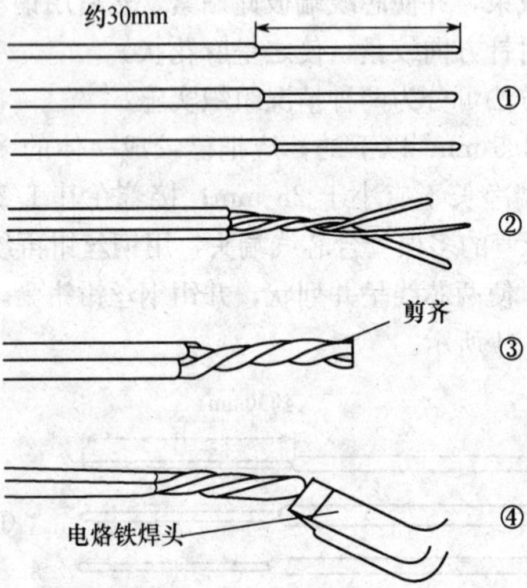

图 1—35　截面积 2.5 mm^2 以上铜硬导线多根单股线并头

2）多股线的倒人字连接。将两根线头剖削一定长度，再准备一根 1.5 mm^2 的绑线。连接时将绑线的一端与两根连接芯线并在一起，在靠近导线绝缘层处起绕。缠绕长度为导线直径的 10 倍，然后将绑线的两个线头打结，再在距离绑线最后一圈 10 mm 处把两根芯线和打完结的绑线线头一同剪断。

3）用压线帽压接。用压线帽压接要使用压线帽和压接钳，压线帽外为尼龙壳，内为镀锌铜套或铝合金套管，压线帽如图 1—36 所示。

压接操作时，先把导线端头用剥线钳剥去约 30 mm 长绝缘层，把几根线对齐后用电工钳顺时针绞紧，剪去多余长度，留有端头长度 13～15 mm 用钳子剪断，插入压线帽用压线钳敲压线帽，使导线端头深入到底，选用合适的压模夹住压线帽用力压紧即可。如果压线帽内孔空间较大，可将导线回折后再插入。

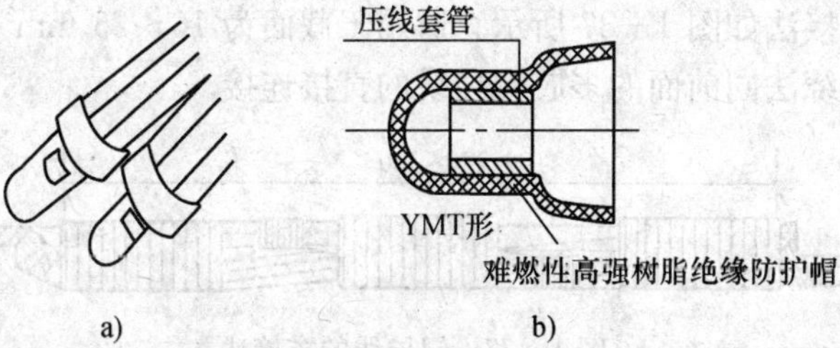

图 1—36　压线帽

a）接线示意　b）套管材质

用压线帽连接，导线端头可以留短些，不需焊锡，也不需缠绕绝缘胶带，因为压线帽本身配有绝缘防护帽。

2. 铝导线的连接

铝导线在空气中极易氧化，生成一层导电性不良并难于熔化的氧化铝膜。铝导线之间的连接，最好采用铝接线管（直接连接）、铝压线帽、铝鼻头（终端）等器材，再采用压接、钎焊、电阻焊及气焊等方法。若有困难，也可用绞接法。

（1）绞接法连接铝导线。绞接法对于单股铝导线不太适宜，一是很难绞接，二是易生成氧化膜使接触不良。若采用瓷接头连接则效果较好，瓷接头中的铜压接螺纹能将铝导线压紧。绞接法对于 16 mm^2 及以上的多芯铝导线较为适宜。多股导线之间绞接，接头能够绞紧，接触电阻较小，因而也是施工中常用的一种方法。

绞接前，先用钢丝刷或铜丝刷刷去导线芯线表面的氧化膜（注意：不得用电工刀刮或用砂布打磨，以免损伤导线或减小导线截面积），最好在芯线端头涂抹一层导电膏或中性凡士林后再刷，但不应涂得太多太厚。然后用清洁的纱团或抹布抹去含有氧化铝膜屑的导电膏或凡士林（不必彻底擦干净表面的导电膏或凡士林）。绞接力必须控制得当，用力太小，接触不良；用力太大，易损伤导线。可用电工钳轻轻咬着绞接。绞接法有搭接法和缠绕法两种。

搭接法如图 1—37 所示。适用于截面为 16～25 mm^2 的铝绞线。缠绕法同前面的多芯铜导线的直接连接。

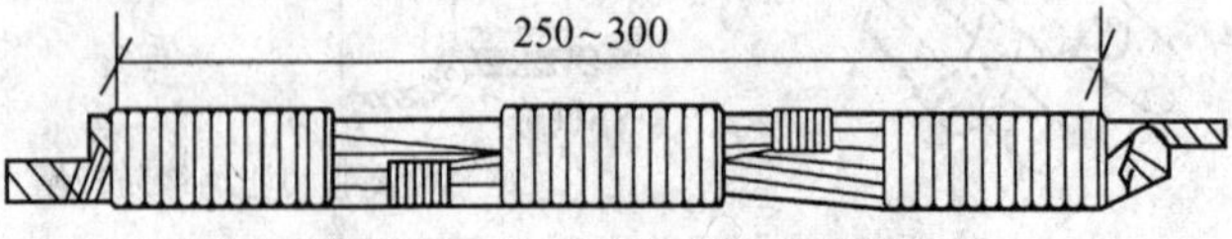

图 1—37　铝导线的搭接法

(2) 压接法连接铝导线。采用压接管连接的接头，与绞接法相比更美观，接触更为良好，因而在住宅电源线或路灯架空线施工中广泛使用。

1）单股铝芯导线的压接如图 1—38 所示。

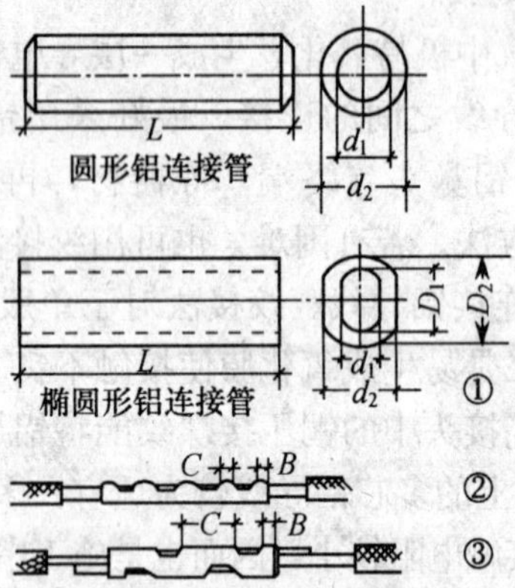

图 1—38　单股铝芯导线的压接

2.5～10 mm^2 的单股铝芯线导线压接，应选用单股导线压接钳及圆形或椭圆形铝连接管，小截面铝连接管的尺寸见表 1—3。压接前把导线两端绝缘层各剥去 50～55 mm，然后将铝连接管内壁和导线表面氧化膜及油污清除，并涂上石英粉和中性凡士林油膏。用圆形铝连接管时，导线两端各插入到连接管长度的一半处。用椭圆形铝连接管时，应使两线端插入后各露出连接管两端

4 mm。用压接钳压接时，应压到必要的极限尺寸，并使所有压坑的中心线处在同一条直线上。

表 1—3　　小截面铝连接管的尺寸　　单位：mm

连接管形状	导线截面积（mm^2）	铝线外径	铝套管尺寸					压坑尺寸	
			d_1	d_2	D_1	D_2	L	B	C
圆形（YL）	2.5	1.76	1.8	3.8	—	—	31	2	2.0
	4.0	2.24	2.3	4.7	—	—	31	2	2.0
	6.0	2.73	2.8	5.2	—	—	31	2	1.5
	10.0	3.55	3.6	6.2	—	—	31	2	1.5
椭圆形（QL）	2.5	1.76	1.8	3.8	3.6	5.6	31	2	8.8
	4.0	2.24	2.3	4.7	4.6	7.0	31	2	8.4
	6.0	2.73	2.8	5.2	5.6	8.0	31	2	8.4
	10.0	3.55	3.6	6.2	7.2	9.8	31	2	8.0

2）多股铝芯导线的压接如图 1—39 所示。

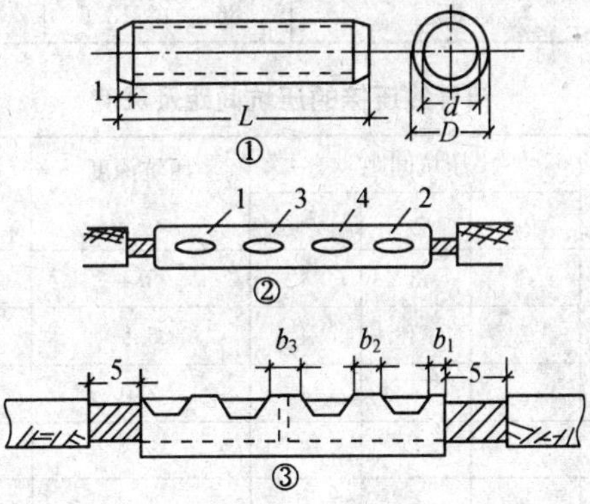

图 1—39　多股铝芯导线的压接

16～240 mm² 多股铝芯导线可采用手提式油压钳及相应的铝连接管，铝连接管尺寸见表 1—4。压接前将两根铝芯导线的绝缘层各剥去连接管长度的一半加上 5 mm，散开，刷去氧化层并涂上石英粉和中性凡士林油膏后再绞成原来形状。同时除去连接管内壁的氧化膜和油污，涂上石英粉和中性凡士林油膏。然后将两根铝芯线插入连接管内，插入长度为各占连接管的一半，并相应地划好压坑标记。根据连接导线截面的大小，选好压模装到钳口内压接。压接时应按图中的 1、2、3、4 顺序压接四个坑，压完一个坑后，稍停 10～15 s 再压另一个坑，压完后用细锉锉去棱角，然后用纱布打光。压坑间距及压坑深度见表 1—5。

表 1—4　　铝连接管的规格和尺寸　　单位：mm

规格	芯线截面积（mm^2）	L	d	D	l
QL-16	16	66	5.2	10	2
QL-25	25	68	6.8	12	2
QL-35	35	72	8.0	14	3
QL-50	50	78	9.6	16	4
QL-70	70	82	11.6	18	4
QL-95	95	86	13.6	21	5

表 1—5　　铝导线压接的压坑间距及深度　　单位：mm

适用范围	压坑间距			压坑深度	剩余厚度
	b_1	b_2	b_3	h_1	h_2
QL-16	3	3	4	5.4	4.6
QL-25	3	3	4	5.9	6.1
QL-35	3	5	4	7.0	7.0
QL-50	3	5	6	8.3	7.7
QL-70	3	5	6	9.2	8.8
QL-95	3	5	6	11.4	9.6

（3）焊接法连接铝导线。焊接方法主要有钎焊、电阻焊和气焊等。

1）钎焊。适用于单股铝导线。钎焊的操作方法与铜导线的锡焊方法相似，只是焊铝比焊铜困难。因此焊料也特殊，它是由纯度99%以上的锡（60%）和纯度98%以上的锌（40%）配制而成。

焊接时先用砂纸磨去铝导线表面的一层氧化膜，并使芯线表面毛糙，以利于焊接；然后用功率较大的电烙铁在铝导线上搪上一层焊料，再把两导线头相互缠绕3圈，剪掉多余线头，用电烙铁蘸上焊料，一边焊，一边用烙铁头摩擦导线，把接头沟槽搪满焊料，焊好一面待冷却后再焊另一面，使焊料均匀密实填满缝隙即可。

单芯铝导线钎焊接头如图1—40所示。线芯端部搭叠长度见表1—6。

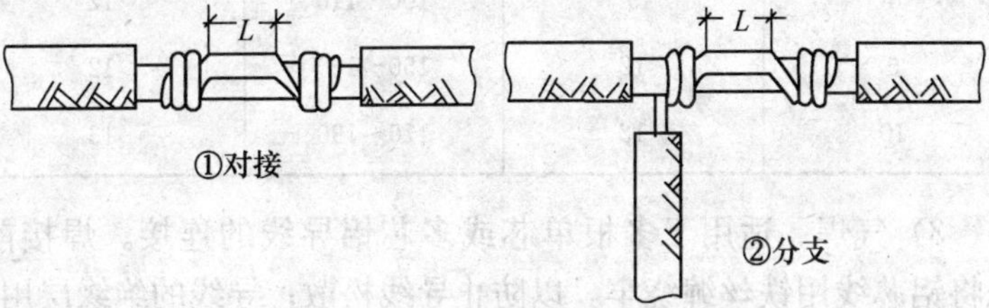

图1—40　单芯铝导线钎焊接头

表1—6　线芯端部搭叠长度

导线截面（mm^2）	剥除绝缘层长度（mm）	搭接长度 L（mm）
2.5～4	60	20
6～10	80	30

2）电阻焊。适用于单芯或多芯不同截面的铝导线的并接。焊接时需要一台容量为1 kVA的焊接变压器，二次电压为6～12 V，并配以焊钳。焊钳上两根碳棒极的直径为8 mm，焊极头

端有一定的锥度，焊钳引线采用10 mm^2 的铜芯橡皮绝缘线。焊料由30%氯化钠、50%氯化钾和20%冰晶石粉配制而成。

焊接时，先将铝线头绞扭在一起，并将端部剪齐，涂上焊料，然后接通电源，先使碳棒短路发红，迅速夹紧线头。等线头焊料开始融化时，焊钳慢慢地向线端方向移动，待线端头熔透后随即撤去焊钳，使焊点形成圆球状。冷却后用钢丝刷刷去接头上的焊渣，用干净的湿布擦去多余焊料，再在接头表面涂一层速干性沥青用以绝缘，沥青干后包缠上绝缘胶带即可。

焊接所需的电压、电流和持续时间可参照表1—7。

表1—7 单股铝导线电阻焊所需电压、电流和持续时间

导线截面（mm^2）	二次电压（V）	二次电流（A）	焊接持续时间（s）
2.5	6	50～60	8
4	9	100～110	12
6	12	150～160	12
10	12	170～190	13

3）气焊。适用于多根单芯或多芯铝导线的连接。焊接前，先将铝芯线用铁丝缠绕牢，以防止导线松散；导线的绝缘层用湿石棉带包好，以防烧坏。焊接时火焰的焰心离焊接点2～3 mm，当加热到熔点（653℃）时，即可加入铝焊粉，使焊接处的铝芯相互融合；焊完后要趁热清除焊渣。

单芯和多芯铝导线气焊连接长度分别见表1—8和表1—9。

表1—8 单芯铝导线气焊连接长度

导线截面（mm^2）	连接长度 L（mm）	导线截面（mm^2）	连接长度 L（mm）
2.5	20	6	30
4	25	10	40

表 1—9　　　　　　多芯铝导线气焊连接长度

导线截面（mm^2）	连接长度 L（mm）	导线截面（mm^2）	连接长度 L（mm）
16	60	50	90
25	70	70	100
35	80	95	120

3. 铜导线与铝导线的连接

铜铝是两种不同的金属，它们有着不同的电化顺序，若把铜和铝简单地连接在一起，在“原电池”的作用下，铝会很快失去电子而被腐蚀掉，造成接触不良，直至接头被烧断。因此应尽量避免铜铝导线的连接。

实际施工中往往不可避免会碰到铜铝导线（体）的连接问题，一般可采取以下几种连接方法：

（1）用复合脂处理后压接。即在铜铝导体连接表面涂上铜铝过渡的复合脂（如导电膏），然后压接。此方法能有效地防止连接部位表面被氧化，防止空气和水分侵入，缓和原电池电化作用。这是一种最经济、最简便的铜铝过渡连接方法。尤其适用于铜、铝母排间的连接和铝母排与断路器等电气设备连接端子间的连接。

导电膏具有耐高温（滴点温度大于 200℃）、耐低温(－40℃时不开裂)、抗氧化、抗霉菌、耐潮湿、耐化学腐蚀及性能稳定、使用寿命长（密封情况下大于 5 年）、无毒、无味、对皮肤无刺激、涂敷工艺简单等优点。用导电膏对接头进行处理，具有擦除氧化膜作用，并能有效地降低接头的接触电阻（可降低25％～70％）。

操作时，先将连接部位打磨，使其露出金属光泽。若是两导体之间连接，应预涂 0.05～0.1 mm 厚的导电膏，并用铜丝刷轻轻擦拭，然后擦净表面，重新涂敷 0.2 mm 厚的导电膏，再用螺栓紧固。须注意：导电膏在自然状态下绝缘电阻很高，基本不导电，只有外施一定的压力，使微细的导电颗粒挤压在一起时，才呈现导电性能。

（2）搪锡处理后连接。即在铜导线表面搪上一层锡，再与铝导线连接。由于锡铝之间的电阻系数比铜铝之间的电阻系数小，产生的电位差也较小，电化学腐蚀有所改善。搪锡焊料成分有两种，见表1—10。搪锡层的厚度为0.03～0.1 mm。

表1—10　　　　锡焊料

焊料成分		熔点（℃）	性能
锡Sn（%）	锌Zn（%）		
90	10	210	流动性好，焊接效率高
80	20	270	防潮性较好

（3）采用铜铝过渡管压接。铜铝过渡管是一种专门供铜导线和铝导线直线连接用的连接件，管的一半为铜管，另一半为铝管，是经摩擦焊连接成的。使用时，将铜导线插入管的铜端，铝导线插入管的铝端，用压接钳冷压连接。对于10 mm^2 及以下的单芯铜导线与铝导线，可使用冷压钳压接。

（4）采用圆形铝套管压接。先清除连接导线端头表面的氧化膜和铝套管内壁氧化膜，然后将铜导线和铝导线分别插入铝套管两端（最好预先在接触面涂上薄薄的一层导电膏），再用六角形压模在钳压机上压成六角形接头，两端还可用中性凡士林和塑料封好，防止空气和水分侵入，阻止局部电化腐蚀。但凡士林的滴点温度仅为50℃左右，当导体接头温度达到70℃以上时，凡士林就会逐渐流失干涸，失去作用。

（5）采用铜铝过渡板连接。铜铝过渡板（排）又称铜铝过渡并沟线夹，是一种专门用于铜导线和铝导线连接的连接件，通常用于分支导线连接。分上下两块，各有两条弧形沟道，中间有两个孔眼用以安装固定螺栓。板的一半（沿纵线）为铜质，另一半为铝质，是经磨擦焊接连接而成。使用时，先清洁连接导线和过渡板弧形沟道内的氧化膜，并涂上导电膏，将铜导线置于过渡板的铜板侧弧形沟道内，铝导线置于过渡板的铝板侧弧形沟道内，两块板合上后装上螺杆、弹簧垫、平垫圈、螺母，用活扳手拧紧螺母即可，如果铝导线线径较细，可缠铝包带；如果铜导线线径较细，可用铜线绑绕。连接时，应先把分支线头末端与干线进行绑扎。

还有一种铜铝过渡板，板的一半（沿横线）为铜质，另一半为铝质。这种过渡板多用于变配电所铜母线与铝母线之间的连接。

（6）采用B型铝并沟线夹连接。B型铝并沟线夹是用于铝与铝分支导线连接的，当用于铜与铝导线连接，则铜导线端需要搪锡。如果铝导线线径较细，可缠铝包带；如果铜导线线径较细，可用铜线绑绕。并沟线夹通常用于跳线、引下线等的连接。

（7）采用SL螺栓型铝设备线夹连接。SL螺栓型铝设备线夹用于设备端子连接，一端与铝导线连接，另一端与设备端子的铜螺杆连接。铜螺母下垫圈应搪锡。

4. 线头与接线柱的连接

（1）针孔式接线柱是一种常用接线柱，熔断器、接线块和电能表等器材上均有应用。通常用黄铜制成矩形方块，端面置有导线承接孔，顶面装有压紧导线的螺钉。当导线端头芯线插入承接孔后，再拧紧压紧螺钉就实现了两者之间的电气连接。

1）连接要求和方法如图1—41所示。单股芯线端头应折成双根并列状，平着插入承接孔，以使并列面能承受压紧螺钉的顶压。因此，芯线端头的所需长度应是两倍孔深。芯线端头必须插到孔的底部。凡有两个压紧螺钉的，应先拧紧近孔口的一个，再拧紧近口底的一个，若先拧紧近孔底的一个，万一孔底较浅，芯线端头处于压紧螺钉端头球部，这样当螺钉拧紧时就容易把线端挤出，造成空压。

2）常见的错误接法如图1—42所示。单股线端直接插入孔内，芯线会被挤在一边。绝缘层剥去太少，部分绝缘层被插入孔内，接触面积被占据。绝缘层剥去太多，孔外芯线裸露太长，影响用电安全。

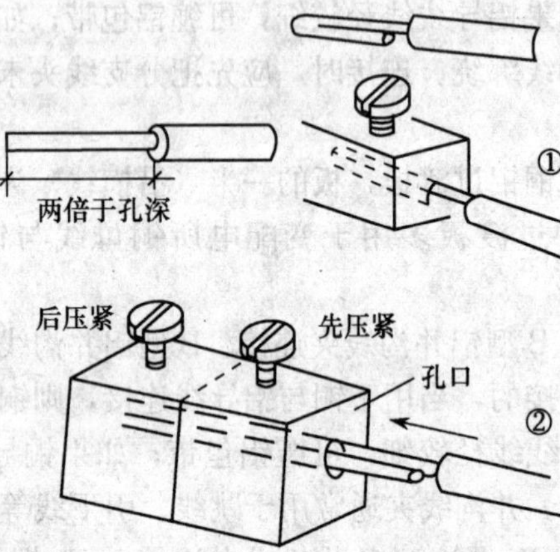

图 1—41　针孔式接线柱连接要求和方法

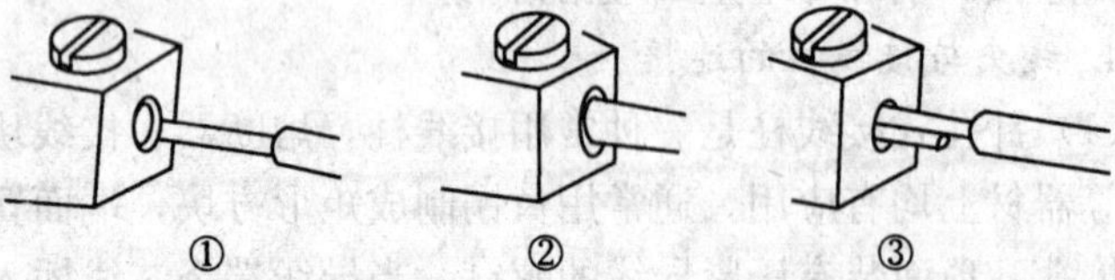

图 1—42　针孔式接线柱连接的错误接法

(2) 平压式接线柱

1) 小容量平压柱。通常利用圆头螺钉的平面进行压接，且中间多数不加平垫圈。灯座、灯开关和插座等都采用这种结构，连接方法如图 1—43 所示。

对绝缘硬线芯线端头必须先加工成压接圈。压接圈的弯曲方向必须与螺钉的拧紧方向一致，否则圈孔会随螺钉的拧紧而被扩大，且往往会从接线柱中脱出。圈孔不宜弯得过大或过小，只要稍大于螺钉直径即可。圈根部绝缘层不可剥去太多，4 mm^2 及

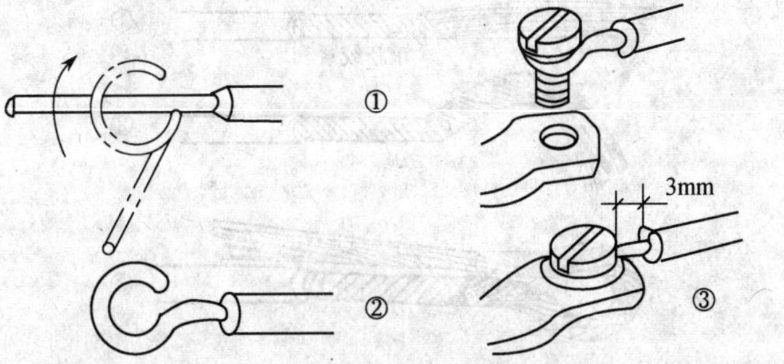

图 1—43　小容量平压柱的连接方法

以下的导线，一般留有 3 mm 间缝，螺钉尾就不会压着圈根绝缘层。但也不应留得过少，以免绝缘层被压入。

2）常见的错误连接法。不弯压接圈，芯线被压在螺钉的单边。这样连接，极易造成线端接触不良，且极易脱落。绝缘层被压入螺钉内，这样的接法因为有效接触面积被绝缘层占据，且螺钉难以压紧，故会造成严重的接触不良。芯线裸露过长，既会留下电气故障隐患，还会影响安全用电。

3）7 股线压接圈弯制方法。在照明干线或一般容量的电力线路中，截面不大于 16 mm^2 的 7 股绝缘硬线，可采用压接圈套上接线柱螺栓的方法进行连接。但 7 股线压接圈的制作必须正规，切不可把 7 股芯线直接缠绕在螺栓上。7 股线压接圈的弯制方法如图 1—44 所示。

把剥去绝缘层的 7 股线端头在全长 3/5 部位重新绞紧（越紧越好）。按稍大于螺栓直径的尺寸弯曲圆孔。开始弯曲时，应先把芯线朝外侧折成约 45°，然后逐渐弯成圆圈状。形成圆圈后，把余端芯线逐根理直，并贴紧根部芯线。把已弯成圆圈的线端翻转（旋转 180°），然后选出处于最外侧且邻近的两根芯线扳成直角（即与圈根部的 7 股芯线成垂直状）。在离圈外沿约 5 mm 处进行缠绕，加工方法与 7 股线缠绕对接一样，可参照应用。成形

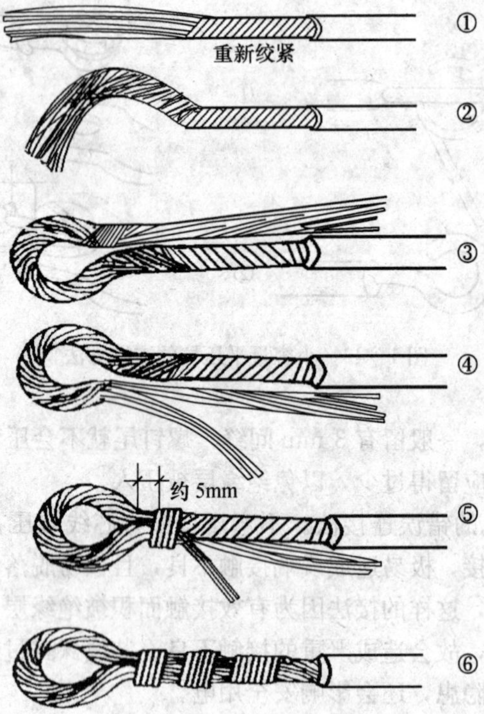

图 1—44　7 股线压接圈的弯制方法

后应经过整修，使压接圈及圈柄部分平整挺直，且应在圈柄部分焊锡后恢复绝缘层。

注意：导线截面超过 16 mm^2 时，一般不宜采用压接圈连接，应采用线端加装接线耳的方法，由接线耳套上接线螺栓后压紧来实现电气连接。

(3) 软线头与接线柱的连接方法

1）与针孔柱连接，如图 1—45 所示。把多股芯线进一步绞紧，全部芯线端头不应有断股而露出毛刺。把芯线按针孔深度折弯，使之成为双根并列状。在芯线根部（即绝缘层切口处）把余下芯线折成垂直于双根并列的芯线，并把余下芯线按顺时针方向缠绕在双根并列的芯线上，且排列应紧密整齐。缠绕至芯线端头口剪去余端并钳平，不留毛刺，然后插入接线柱针孔内，拧紧螺钉即可。

2）与平压柱连接，如图 1—46 所示。在连接前，也应先把多股线芯线作进一步绞紧。把芯线按顺时针方向围绕在接线柱的螺栓上，应注意芯线根部不可贴住螺栓，应相距 3 mm。接着把芯线围绕螺栓一圈后，余端应在芯线根部由上向下围绕一圈。把芯线余端再按顺时针方向围绕在螺栓上。把芯线余端围绕到芯线根部收住，若因余端太短不便嵌入螺栓尾部，可用旋具刀口推入。接着拧紧螺栓后扳起余端在根部切断，不应露毛刺和损伤下面芯线。

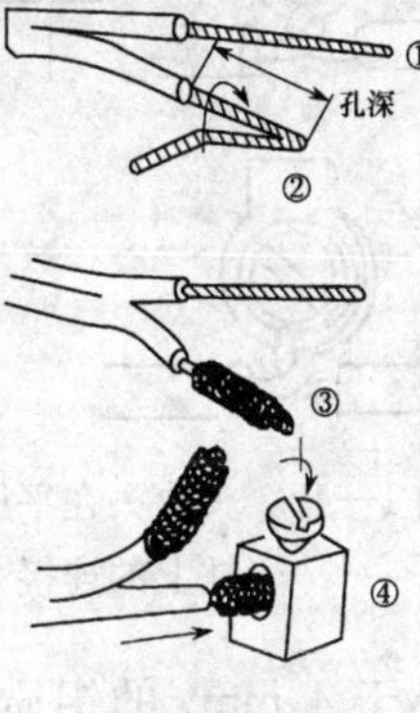

图 1—45　软线头与针孔柱的连接

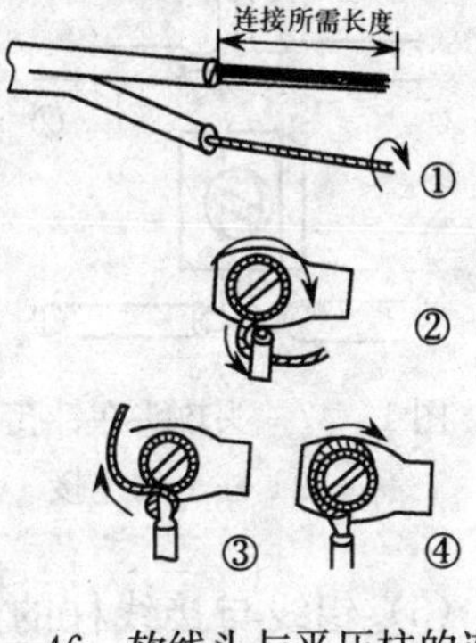

图 1—46　软线头与平压柱的连接

（4）头攻头连接。一根导线需与两个以上接线柱连接时，除最后一个接线柱连接导线末端外，导线在处于中间的接点上，不应切断后并接在接线柱中，而应采用头攻头的连接法。这样不但可大大降低连接点的接触电阻，而且可有效地降低因连接点松脱而造成的开路故障。

1）在针孔柱上连接如图 1—47 所示。按针孔深度的两倍长度，再加 5～6 mm 的芯线根部裕度，剥离导线连接点的绝缘层。在剥去绝缘层的芯线中间将导线折成双根并列状态，并在两芯线根部反向折成 90°转角。把双根并列的芯线端头插入针孔并拧紧螺栓。

2）在平压柱上连接如图 1—48 所示。按接线柱螺栓直径约 6 倍长度剥离导线连接点绝缘层。以剥去绝缘层芯线的中点为基准，按螺栓规格弯曲成压接圈后，用钢丝钳紧夹住压接圈根部，把两根部芯线互绞一圈，使压接圈呈图示形状。把压接圈套入螺栓后拧紧（需加套垫圈的，应先套入垫圈，再套入压接圈）。

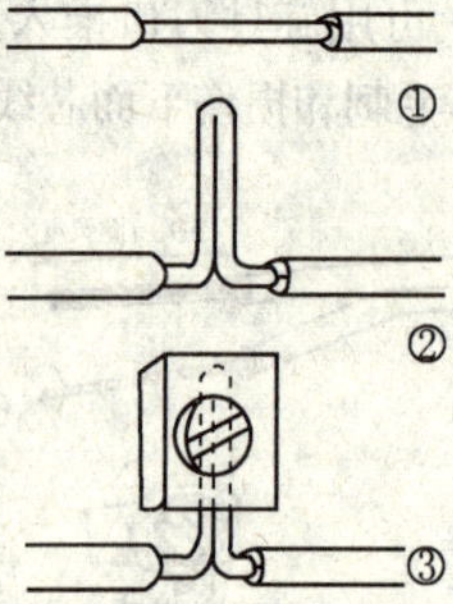

图 1—47　头攻头在针孔柱上的连接

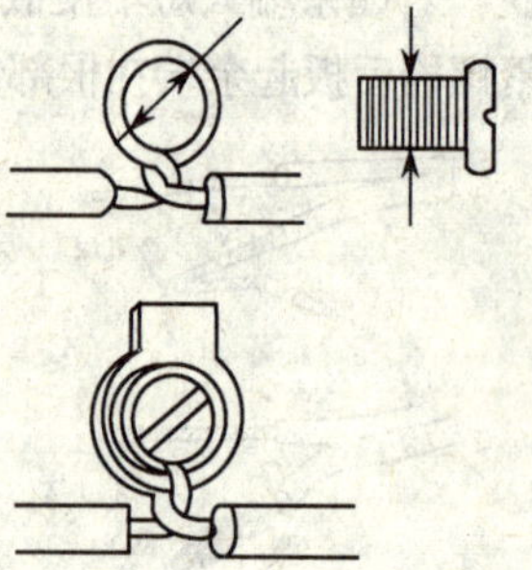

图 1—48　头攻头在平压柱上的连接

（5）铝线与接线柱的连接。截面小于 4 mm^2 的铝质导线，允许直接与接线柱连接。但连接前必须经过清除氧化铝薄膜的技术处理，再弯制芯线的连接点，如图 1—49 所示。

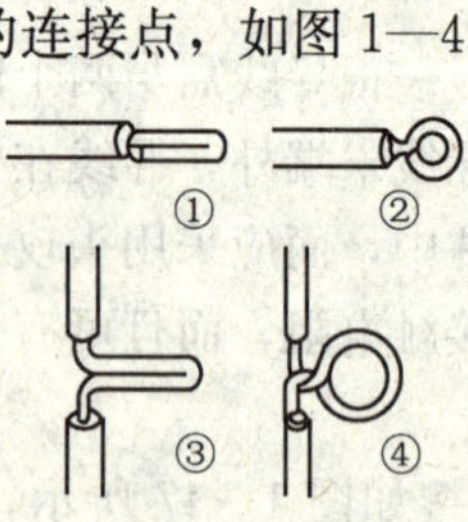

图 1—49　弯制芯线的连接点

端头直接与针孔柱连接时，应先折成双根并列状。端头直接与平压柱连接时，应先弯制压接圈。头攻头接入针孔柱时，应先折成双根 T 字状。头攻头接入平压柱时，应先弯成连续式压接圈。

各种形状接点的弯制和连接，与小规格铜质导线的方法相同。

注意：铝质芯线质地很软，压紧螺钉虽应紧压住线头，不允许松动，但应避免一味拧旋螺钉而把铝芯线头压扁。尤其在针孔柱内，因压紧螺钉对线头的压强很大（比平压柱大得多），甚至会把铝芯线头压断。

5. 导线的封端

对于导线截面大于 10 mm^2 的多股铜、铝芯导线，一般都必须用接线端子（又称接线鼻或接线耳）对导线端头进行封端，再由接线端与电器设备相连。

（1）铜芯导线的封端

1）锡焊封端。先剥掉铜芯导线端部的绝缘层，除去芯线表面和接线端子内壁的氧化膜，涂上无酸焊锡膏。再用一根粗铁丝系住铜接线端子，使插线孔口朝上并放到火里加热。把锡条插在铜接线端子的插线孔内，使锡受热后熔化在插线孔内。把芯线的端部插入接线端子的插线孔内，上下插拉几次后把芯线插到孔底。平稳而缓慢地把粗铁丝的接线端子浸到冷水里，使液态锡凝固，芯线焊牢。用锉刀把铜接线端子表面的焊锡除去，用砂布打光后包上绝缘带，即可与电器接线柱连接。

2）压接封端。把剥去绝缘层并涂上石英粉—凡士林油膏的芯线插入内壁也涂上石英粉—凡士林油膏的铜接线端子孔内。用压接钳进行压接，在铜接线端子的正面压两个坑，先压外坑，再压内坑，两个坑要在一条直线上。从导线绝缘层至铜接线端子根部包上绝缘带。

（2）铝芯导线的封端。铝芯导线一般采用铝接线端子压接法进行封端。铝接线端子的外形及规格如图 1—50 所示，其各部分尺寸见表 1—11。

表 1—11　　　　铝接线端子各部分尺寸

导线截面 (mm^2)	端子各部分尺寸（mm）									压模深 (mm)
	d	D	C	L_1	L_2	L_3	b	h	ϕ	
16	5.5	10	1	18	5	32	17	3.6	6.5	5.4
25	6.8	12	1	20	8	32	17	4.0	8.5	5.9
35	7.7	14	1	24	9	32	20	5.0	8.5	7.0
50	9.2	16	1	28	10	37	20	5.0	10.5	7.8
70	11.0	18	1	35	10	40	25	6.5	10.5	8.9
95	13.0	21	1	36	11	45	28	7.0	13.0	9.9

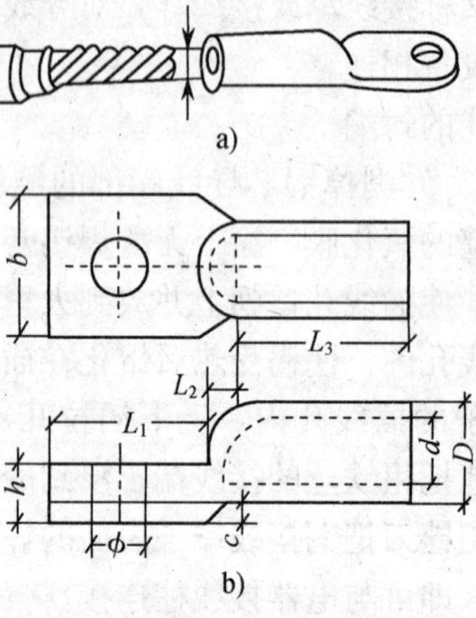

图 1—50　铝接线端子的外形及规格

铝芯导线用压接法进行封端的方法如下：

根据铝芯线的截面积查表 1—11 选用合适的铝接线端子，然后剥去芯线端部绝缘层，刷去铝芯表面氧化层并涂上石英粉—凡士林油膏。刷去铝接线端子内壁氧化层并涂上石英粉—凡士林油膏。将铝芯线插到插线孔的孔底。用压线钳在铝接线端子正面压两个坑，先压靠近插线孔处的第一个坑，再压第二个坑，压坑的尺寸见表1—12。

在剥去绝缘层的铝芯导线和铝接线端子根部包上绝缘带（绝缘带要从导线绝缘层包起），并刷去接线端子表面的氧化层。

表1—12　　铝接线端子压接坑尺寸　　单位：mm

导线截面（mm^2）	A	B	C	L
16	13	2	2	32
25	13	2	2	32
35	13	2	2	32
50	14	3	3	37
70	15	4	3	40
95	17	4	3	45

三、绝缘层的恢复方法

绝缘导线之间连接后，或遭到意外损伤，均需恢复绝缘层。在低压电路上，常用的恢复材料有黄蜡布带、聚氯乙烯塑料带和黑胶带等，为方便包缠一般采用20 mm这种规格。各接点的包缠操作方法如下。

注意：所述各种包缠方法中，为便于掌握要领，多数接点只介绍包一层绝缘带，实际应用中均包两层绝缘带后再包一层黑胶带加以固封。

1. 对接接点

对接接点绝缘层的恢复方法如图1—51所示。

绝缘带（黄蜡带或塑料带）应从左侧的完好绝缘层上开始包缠，应包入绝缘层1.5～2根带宽，即30～40 mm，起包时带与导线之间应保持约45°倾斜。进行每圈斜叠缠包，包一圈必须压叠住前一圈的1/2带宽。包至另一端也必须包入与始端同样长度的绝缘层，然后接上黑胶带，并应使黑胶带包出绝缘带层至少半

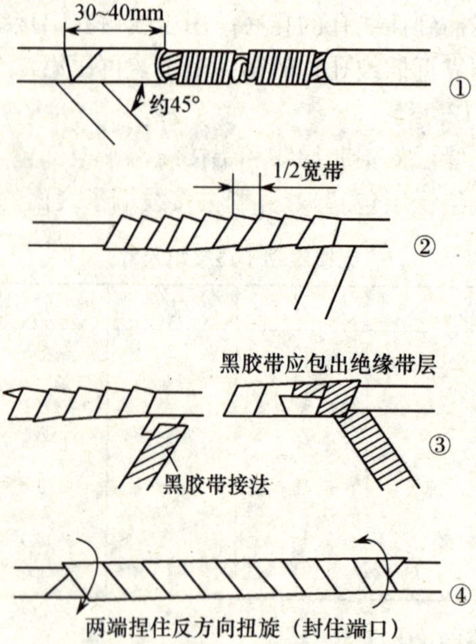

图 1—51　对接接点绝缘层的恢复方法

个带宽，即必须使黑胶带完全包没绝缘带。黑胶带也必须进行 1/2 叠包，不可包得过疏或过密；包到另一端也必须完全包没绝缘带，收尾后应用双手的拇指和食指紧捏黑胶带两端口，进行一正一反方向拧旋，利用黑胶带的黏性，将两端口充分密封起来。

2. 分支接点

分支接点绝缘层的恢复方法如图 1—52 所示。

采用与对接相同的方法从左端开始起包。包至碰到分支线时，应用左手拇指顶住左侧直角处包上的带面，使它紧贴转角处芯线，并应使处于线顶部的带面尽量向右侧斜压（即跨越到右边）。当围绕到右侧转角处时，用左手食指顶住右侧直角处带面，并使带面在干线顶部向左侧斜压，与被压在下边的带面呈“×”状交叉。然后把带再回绕到右侧转角处。带沿紧贴住支线连接处根端，开始在支线上缠包，包至完好绝缘层上约两根带宽时，原带折回再包至支线连接处根端，并把带向干线左侧斜压（不宜倾斜太多）。

当带围过干线顶部后，紧贴干线右侧的支线连接处开始在干线右侧芯线上进行包缠。包至干线另一端的完好绝缘层上后，接上黑胶带，重复上述方法继续包缠黑胶带。

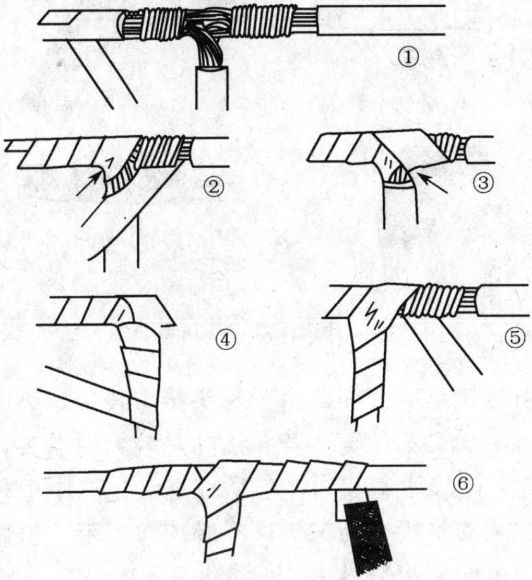

图 1—52　分支接点绝缘层的恢复方法

3. 并头接点

并头连接后的端头通常埋藏在木台或接线盒内，空间狭小，导线和附件较多，往往彼此挤轧在一起，且容易贴着建筑面，所以并头接点的绝缘层必须恢复可靠，否则极容易发生漏电或短路等电气故障。操作步骤和方法如图 1—53 所示。

为了防止包缠的整个绝缘层脱落，绝缘线在起包前必须插入两根导线的夹缝中，然后在包缠时把带头夹紧。起包方法和

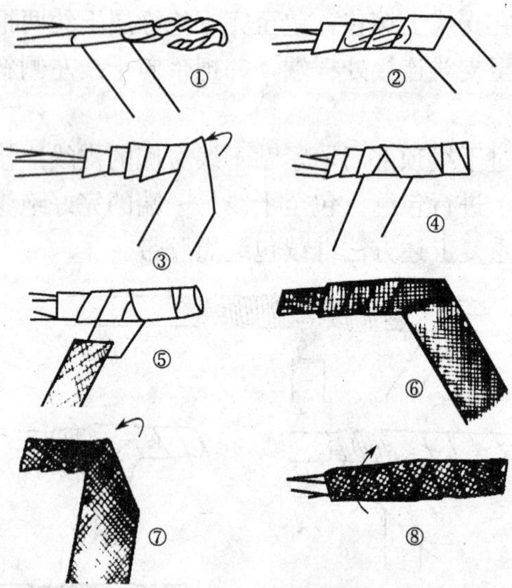

图 1—53　并头接点绝缘层的恢复方法

要求与“对接接点”一样。由于并头接点较短，叠压宽度可紧些，间隔可小于 1/2 带宽。若并接的是较大的端头，在尚未包缠到端口时，应裹上包裹带，然后在继续包缠中把包裹带扎紧压住；若并接的是较小的端头，不必加包裹带。包缠到导线端口后，应使带面超出导线端口 1/2～3/4 带宽，然后紧贴导线端口折回伸出部分的带面。把折回的带面掀平掀服，然后用原带缠压住（必须压紧），接着缠包第二层绝缘带，包至下层起包处止。接上黑胶带，并应使黑胶带超出绝缘带层至少半根带宽，并完全包没压住绝缘带。把黑胶带缠包到导线端口。用黑胶带缠裹住端口绝缘带层，要完全压住包没绝缘带层，然后缠包第二层黑胶带至起包处止。用右手拇、食两指紧捏黑胶带断带口，旋紧，使端口密封。

4. 接线耳和多股线压接圈

(1) 接线耳线端绝缘层恢复方法如图 1—54 所示。

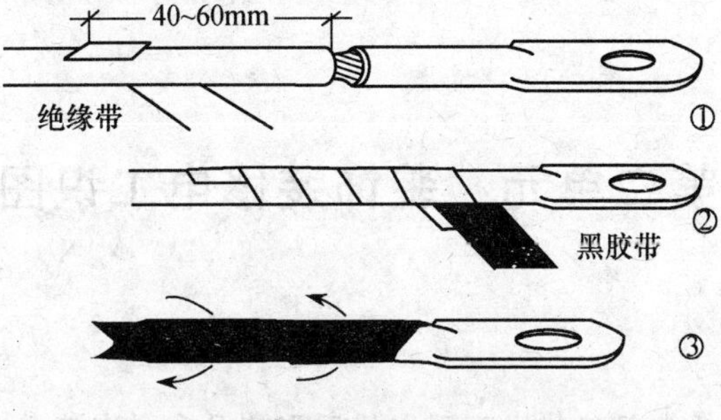

图 1—54　接线耳线端绝缘层恢复方法

从完好绝缘层的 40～60 mm 处缠起，方法与本节对接接点法相同。绝缘带缠包到接线耳近圆柱体底部处，接上黑胶带；然后朝起包处缠包黑胶带，包出下层绝缘带约 1/2 带宽后断带，应完全包没压住绝缘带。如图两箭头所示，两手捏紧后作反方向扭旋，使两端黑胶带端口密封。

（2）多股线压接圈线端绝缘层恢复方法如图 1—55 所示。

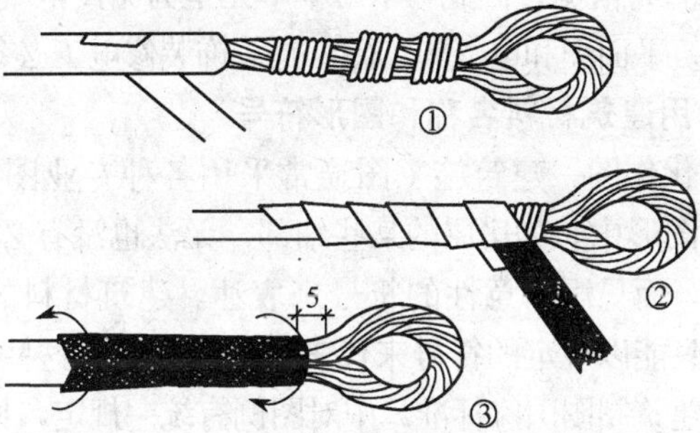

图 1—55　多股线压接圈线端绝缘层恢复方法

步骤和方法，与上述接线耳方法基本相同，但离压接圈根部 5 mm 的芯线应留着不包。若包缠到圈的根部，螺栓顶部的平垫圈就会压着恢复的绝缘层，造成接点的接触不良。

第二单元　装饰装修电工识图

学习要点：

1. 了解常用建筑平面图中的图形符号和文字符号。
2. 了解常用电气设备的图形符号和文字符号。
3. 掌握配电线路的标注和照明灯具的标注。

模块一　建筑平面图

装饰装修电工需要根据电气施工图进行施工，而电气施工图以建筑平面图为依据。因此，学习本单元是为阅读电气施工图打基础。识读建筑平面图和电气施工图，是装饰装修电工必备的基本功。

一、常用建筑材料名称和图形符号

为了简化作图，建筑施工图通常采用各种专业图例。在一些比例较小的图形中，如房屋的某些细部，无法也没有必要按它的真实形状画出，而只用示意性的符号来表达。建筑材料的种类繁多，在图样上也只能以规定的符号来代表不同的材料，这些图形符号叫图例。在《建筑制图国家标准》中对图例有统一规定，见表2—1。

表2—1　　常用建筑材料名称和图形符号

名称	图例	名称	图例
砂灰土	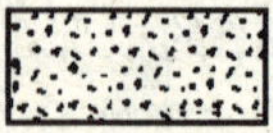	花文钢板	

续表

名称	图例	名称	图例
砂砾石碎砖三合土	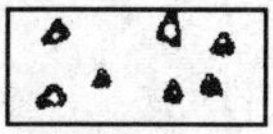	方整石、条石	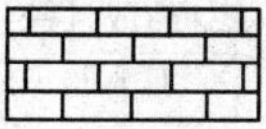
天然石材	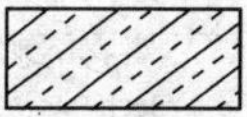	木材	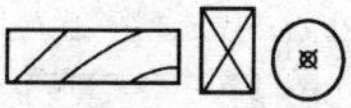
毛石	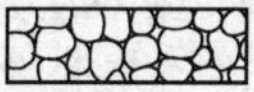	胶合板	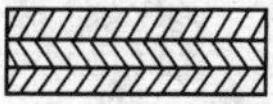
普通砖		多孔材料	
空心砖	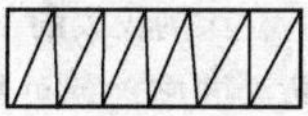	石膏板	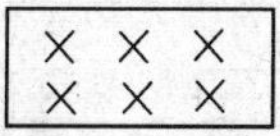
混凝土		防水材料	
加气混凝土		金属	
加气钢筋混凝土	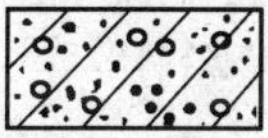	液体	

二、建筑构造及配件图例

建筑构造及配件图例见表2—2。

表2—2　　建筑构造及配件图例

图例	名称及说明
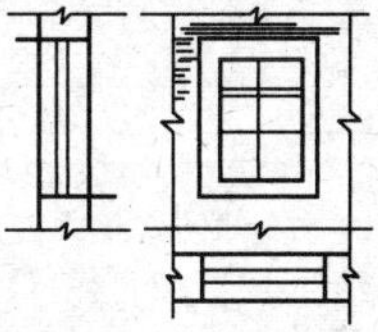	扩建或改建新设计的墙 （1）左图为剖面图，右图为平面图 （2）新设计的墙身材料，应画普通砖图例

续表

图例	名称及说明	
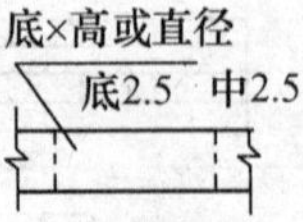	墙上预留洞口	（1）底“2.5”表示洞底标高，中“2.5”表示洞中心标高 （2）如表示洞底、槽底和洞中心距地面、楼面高度时，注法为“底距地2.5”或“中距地2.5”
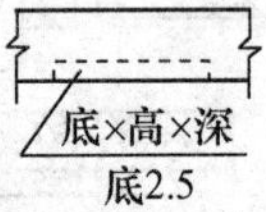	墙上预留槽	
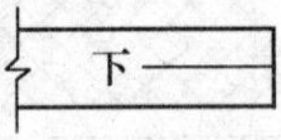	长坡道	在比例较大的图面中，坡道上如有防滑措施时，可按实际形状用细线表示
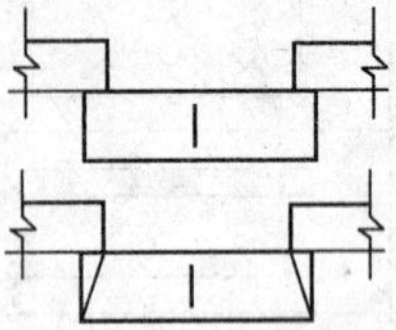	入口坡道	
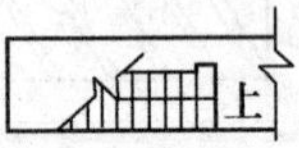	底层楼梯	楼梯的形状及步数应按设计的实际情况绘制
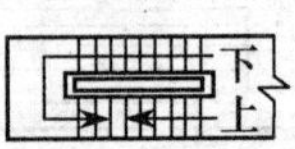	中间层楼梯	
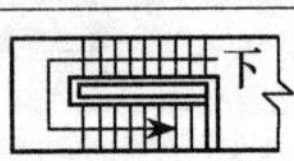	顶层楼梯	
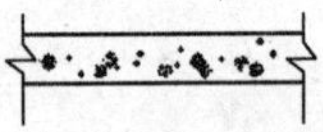	土墙，包括土筑墙、土坯墙、三合土墙等	
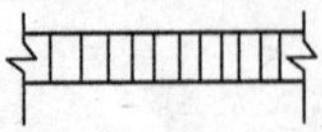	板条墙	
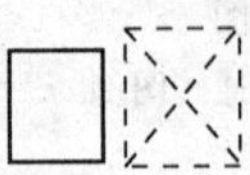	检查孔（进入孔） （1）左图表示地面检查孔 （2）右图表示吊顶检查孔	

续表

图例	名称及说明	
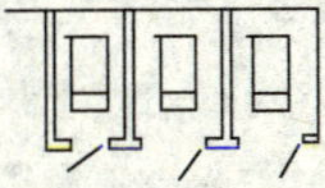	厕所间 （1）在比例较小的图面中，隔断可用单线表示 （2）卫生用具及门的开关方向，应按设计的实际情况绘制	
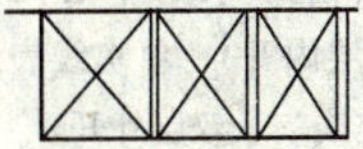	淋浴小间 （1）在比例较小的图面中，隔断可用单线表示 （2）如淋浴小间有门时应按设计的实际情况画出门的位置及开门方向	
	孔洞	（1）左图表示长方形 （2）右图表示圆形
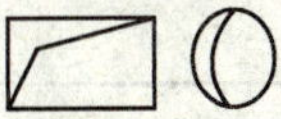	坑槽	
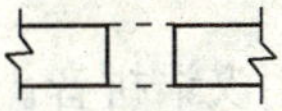	空门洞	门的代号用 M 表示
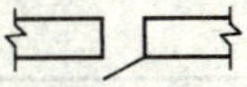	单扇门	
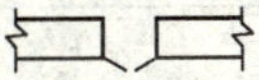	双扇门	
	对开折门	
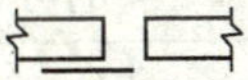	单扇推拉门	
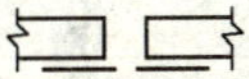	双扇推拉门	
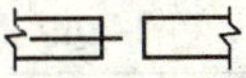	墙内单扇推拉门	
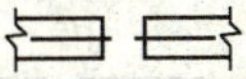	墙内双扇推拉门	

续表

图例	名称及说明	
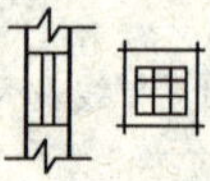	单层固定窗	(1) 立面图中的斜线，系表示窗扇的开关方式。单虚线表示单层内开(双虚线表示双层内开)，单实线表示单层外开(双实线表示双层外开) (2) 窗的名称代号用C表示
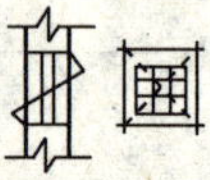	单层中悬窗	
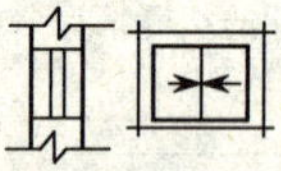	水平推拉窗	
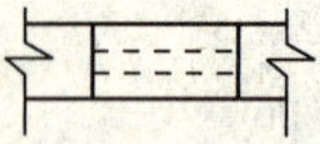	高窗	

三、建筑常用文字符号

建筑常用文字符号见表2—3，文字符号采用汉语拼音。

表2—3　　常用建筑文字符号

名称	文字符号	名称	文字符号
门	M	槽形板	CB
窗	C	楼梯板	TB
屋架	WJ	盖板或沟盖板	GB
托架	TJ	檐口板	YB
钢架	GJ	墙板	QB
框架	KJ	梁	L
支架	ZJ	屋面梁	WL
柱	Z	圈梁	QL
基础	J	过梁	GL
桩	ZH	基础梁	JL

续表

名称	文字符号	名称	文字符号
梯	T	楼梯梁	TL
雨篷	YP	檩条	LT
阳台	YT	上水管	S
预埋件	YM	下水管	X
板	B	蒸汽管	Z
屋面板	WB	煤气管	M
空心板	KB		

四、家具和摆设物图形符号

家具、摆设物图形符号见表 2—4。

表 2—4　　　　家具、摆设物图形符号

序号	名称	符号	备注
1	双人床	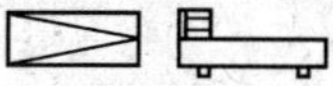	
2	单人床	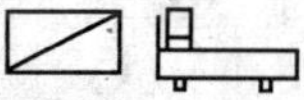	
3	沙发	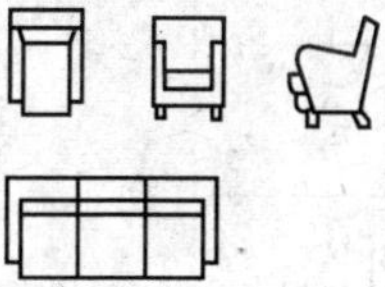	选用特殊设计的家具，可根据实际情况绘制其外轮廓线
4	凳、椅		
5	桌		
6	钢琴	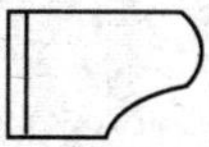	

续表

序号	名称	符号	备注
7	吊柜	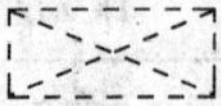	
8	其他家具	食品柜	其他家具可在矩形或实际轮廓中用文字说明
9	取水栓	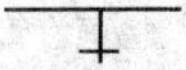	
10	洗衣机	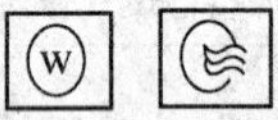	
11	散热器	 H R	
12	地漏		
13	灶		其他设备可绘出外轮廓线加文字说明
14	洗脸盆（洗面器）	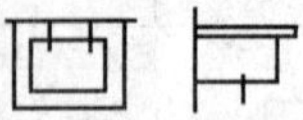	
15	浴盆	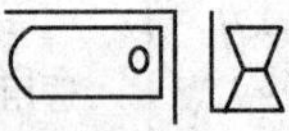	
16	立式小便器	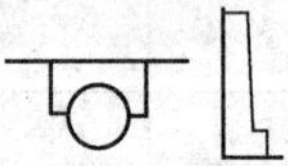	（1）左图为平面图 （2）右图为侧面图
17	蹲式便器	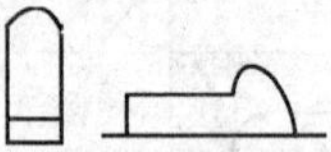	
18	坐式便器	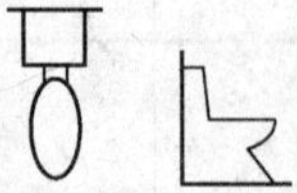	

续表

序号	名称	符号	备注
19	淋浴喷头	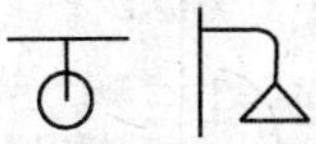	
20	化验盆或洗涤盆		

五、标准层平面图（局部）

假想用一水平的剖切面沿门窗洞的位置将房屋剖切后，对剖切面以下部分所做出的水平剖面图，即为建筑平面图，简称平面图。它反映出房屋的平面形状、大小和房间的布置，墙（或柱）的位置、厚度和材料，门窗的类型和位置等情况。这是施工图中最基本的图样之一，如图 2—1 所示。

一般，有几层房屋，就应画出几个平面图，并在图的下方注明相应的图名，如底层平面图、二层平面图……此外还有屋面平面图，它是房屋顶面的水平投影，一般可适当缩小比例绘制（对于较简单的房屋可不画出）。习惯上，如上下各层的房间数量、大小和布置都一样时，则相同的楼层可用一个平面图表示，称为标准层平面图，如图 2—1 所示为某住宅楼的标准底层平面图，其包括以下几项内容：

1. 各部分的平面形状、占地面积（长×宽）。

2. 定位轴线，纵向用 A、B、C……表示，横向用①、②、③……表示。

3. 各部分的面积和布置。

4. 门窗的位置及门的开向。

5. 设备及管道的位置。

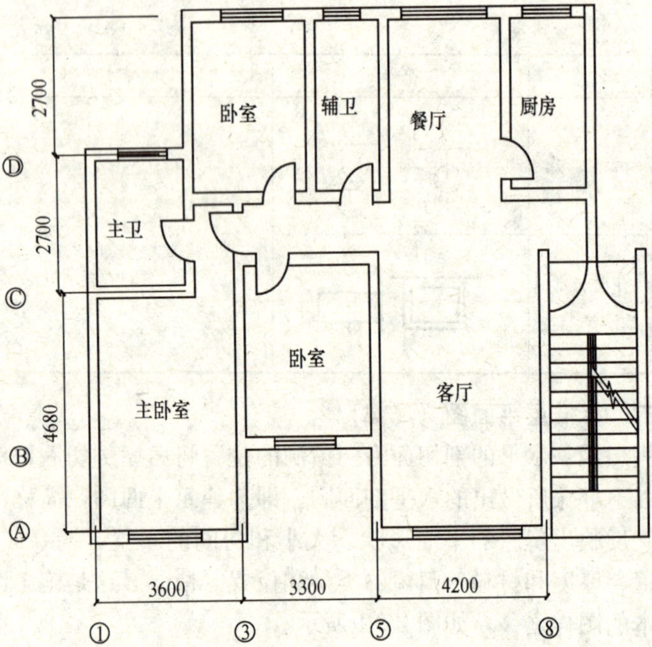

图 2—1　某住宅楼（三室二厅二卫）标准底层平面图

模块二　装饰装修电气识图

在电气平面图中，元件、设备、装置、线路及安装方法等都要借助图形符号和文字符号表达。阅读电气工程图，首先要了解和熟悉这些符号的形式、含义以及相互关系。

电气工程图中标注的符号分为两类，一类是图形符号；另一类是文字符号。电气工程图中的图形和文字符号，均应按国家标准绘制和标注。

一、常用装饰装修电器在平面图上的图形符号

常用装饰装修电器在平面图上的图形符号见表 2—5。

表 2—5　　常用电器设备在平面图上的图形符号

名称	图形符号	说明	名称	图形符号	说明
照明配电箱			开关		开关一般符号
单相插座		依次表示明装、暗装、密闭、防爆	单相三孔插座		依次表示明装、暗装、密闭、防爆
单极开关		依次表示明装、暗装、密闭、防爆	三相四孔插座		依次表示明装、暗装、密闭、防爆
双极开关		依次表示明装、暗装、密闭、防爆	三极开关		依次表示明装、暗装、密闭、防爆
多个插座		3 个	带开关插座	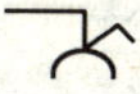	装一单极开关
单极拉线开关	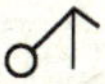		灯		
单极双控拉线开关	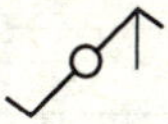		荧光灯		单管或三管灯
双控开关	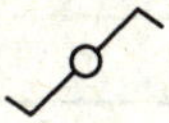	单相三线	吸顶灯		

续表

名称	图形符号	说明	名称	图形符号	说明
带指示灯开关			壁灯		
多拉开关		如用于不同照度	花灯		
断路器	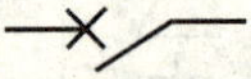				

二、常用电气的文字符号

文字符号用以表示电气设备、元件以及线路的基本名称、特征等。装饰装修电气图中常用的基本文字符号见表 2—6。

表 2—6　　电气设备常用文字符号新旧对照表

名　称	文字符号	
	新代号	旧代号
发热器件	EH	RJ
照明灯	EL	ZD
热继电器	KH	YX
熔断器	FU	RD
光指示器	HL	GS
指示灯	HL	SD
交流继电器	KA	J
接触器	KM	C
时间继电器	KT	SJ
电感器	L	L
电动机	M	D
同步电动机	MS	TD

续表

名称	文字符号	
	新代号	旧代号
异步电动机	MA	YD
电流表	PA	I
电压表	PV	U
断路器	QF	DL
隔离开关	QS	GLK
电阻器	R	R
电位器	RP	W
按钮开关	SB	AK
插头	XP	CT
插座	XS	CZ

三、导线敷设方式的标注方法

导线敷设方式分为明敷（旧代号 M、新代号 E）和暗敷（旧代号 A、新代号 C），见表 2—7。

表 2—7　　导线敷设方式的标注

序号	名称	新代号	旧代号
1	用塑料线槽敷设	PR	XC
2	用钢线槽敷设	SR	—
3	穿电线管敷设	TC	DG
4	穿聚氯乙烯硬质管敷设	PC	VG
5	穿聚氯乙烯半硬质管敷设	FPC	RVG
6	用瓷夹敷设	PL	CJ
7	用塑料夹敷设	PCL	VJ
8	用金属软管敷设	CP	SPG
9	沿墙面敷设	WE	QM

续表

序号	名 称	新代号	旧代号
10	沿天棚面或顶板面敷设	CE	PM
11	暗敷设在墙内	WC	QA
12	暗敷设在地面内	FC	DA
13	暗敷设在顶板内	CC	PA
14	固定线吊式	CP	X
15	防水线吊式	CP	X
16	链吊式	CH	L
17	管吊式	P	G
18	壁装式	W	B
19	吸顶式或直附式	S	D
20	嵌入式	R	R
21	顶棚内安装	CR	DR

1. 导线根数的表示法

只要走向相同，无论导线的根数多少，都可以用一根图线表示一束导线，同时在图线上打上短斜线表示根数；也可以画一根短斜线，在旁边标注数字表示根数，所标注的数字不小于 3，对于 2 根导线，可用一条图线表示，不必标注根数。

2. 导线敷设方式的文字符号

导线敷设方式的标注符号见表 2—7。旧的施工图符号用汉语拼音表示，新的施工图符号用英文字母表示，以便于和国际通用符号接轨。

四、导线敷设部位的标注

导线敷设部位及其新旧文字代号对照见表 2—8。

表 2—8　导线敷设部位及其新旧文字代号对照表

序号	名　称	新代号	旧代号
1	沿钢索敷设	SR	S
2	沿屋架或跨屋架敷设	BE	LM
3	沿柱或跨柱敷设	CLE	ZM
4	沿墙面敷设	WE	QM
5	沿天棚面或顶板面敷设	CE	PM
6	在能进人的吊顶内敷设	ACE	PNM
7	暗敷设在地面或地板内	FC	DA
8	暗敷设在屋面或顶板内	CC	PA

五、配电线路的标注

配电线路的标注用以表示线路的敷设方式及敷设部位，采用英文字母表示。

配电线路的标注格式为：

$$a-b\ (c\times d)\ e-f$$

其中：a——线路编号；b——导线型号；c——导线根数；d——导线截面；e——敷设方式与穿管管径，mm；f——敷设部位。

例如：BV(3×50＋1×25) SC50-FC 表示线路是铜芯塑料绝缘导线，三根 50 mm^2，一根 25 mm^2，穿管管径为 ϕ50 mm 的钢管沿地面暗敷。

BLV（3×60＋2×35）SC70-WC 表示线路为铝芯塑料绝缘导线，三根 60 mm^2，两根 35 mm^2，穿管管径为 ϕ70 mm 的钢管沿墙暗敷。

六、照明灯具的标注形式

灯具的标注是在灯具旁按灯具标注的规定标注灯具数量、型号、灯具中的光源数量和容量、悬挂高度和安装方式。灯具光源按发光原理分为热辐射光源（如白炽灯和卤钨灯）和气体放电光源（荧光灯、高压汞灯）。光源的类型及代号见表 2—9。

表 2—9　　光源的类型及代号

光源的类型	光源代号
白炽灯（不标）	—
荧光灯	Y
汞灯	G
钠灯	N
卤钨灯	L
氙灯	X

照明灯具的标注格式为：

$$a-Lb\ (c\times d)\ /ef$$

其中：a——灯具数量；b——灯具型号或编号；c——每盏灯具中装设的灯泡数或灯管数；d——灯泡（管）容量，W；e——安装高度，m；f——安装方式；L——光源种类。

灯具安装方式代号及代号见表 2—10。

表 2—10　　灯具安装方式及代号

序号	安装方式	代号
1	线吊式	CP☆
2	自在器线吊式	CH
3	固定线吊式	CP1
4	防水线吊式	CP2☆
5	吊线器式	CP3
6	链吊式	Ch☆
7	管吊式	P
8	壁装式	W☆
9	吸顶或直附式	S☆
10	嵌入式（嵌入不可进人的顶棚）	R☆

续表

序号	安装方式	代号
11	顶棚内安装（嵌入可进人的顶棚）	CR☆
12	墙壁内安装	WR
13	台上安装	T
14	支架上安装	SP
15	柱上安装	CL
16	座装	HM

注：☆表示重点，在建筑上常用。

例如，5－YZ40（2×40）/2.5Ch 表示 5 盏 YZ40 直管型荧光灯，每盏灯具中装设 2 只功率为 40 W 的灯管，灯具的安装高度为 2.5 m，灯具采用链吊式安装方式。如果灯具为吸顶安装，那么安装高度可用“－”号表示。在同一房间内的多盏相同型号、相同安装方式和相同安装高度的灯具，可以标注一处。

20－YU60（1×60）/3CP 表示 20 盏 YU60 型 U 形荧光灯，每盏灯具中装设 1 只功率为 60 W 的 U 形灯管，灯具采用线吊安装，安装高度为 3 m。

七、电气平面图

1. 照明平面图

为准确无误地把各种电器安装在相应的位置上，而在住宅平面图上绘制实际电器布置图，图中标出电源进线位置，配电箱、电表位置，插座、开关灯具位置，线路敷设方式，以及电器设备和线路等各项数据。某住宅照明平面图如图 2—2 所示。

2. 照明电路图

照明电路图绘有电源进线及保护方式，用电总量、各房间负荷大小，进线导线和出线导线的型号规格、敷设方式、电能表容量、熔断器和熔丝容量、断路器型号规格等。某住宅照明电路图如图 2—3 所示。

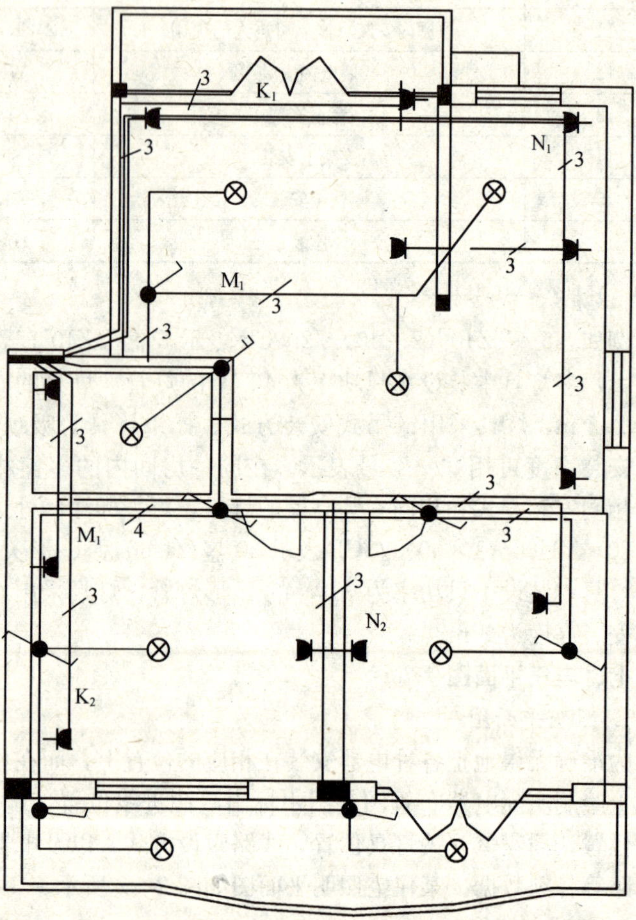

图 2—2 照明平面图

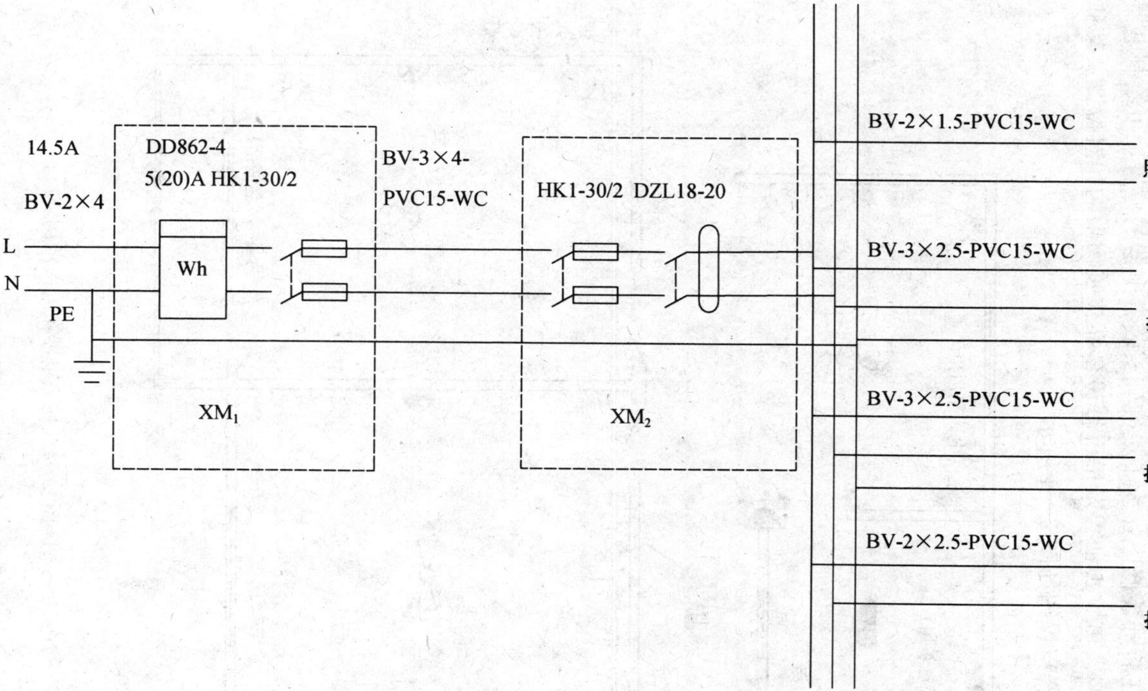

图2—3 住宅照明电路图示例

3. 电器布置图

在装饰装修中，为了更准确安装各电器的位置，可绘制电器布置图，更直观地表示出电器设备在建筑物中的相对位置。某住宅电器布置图如图 2—4 所示。

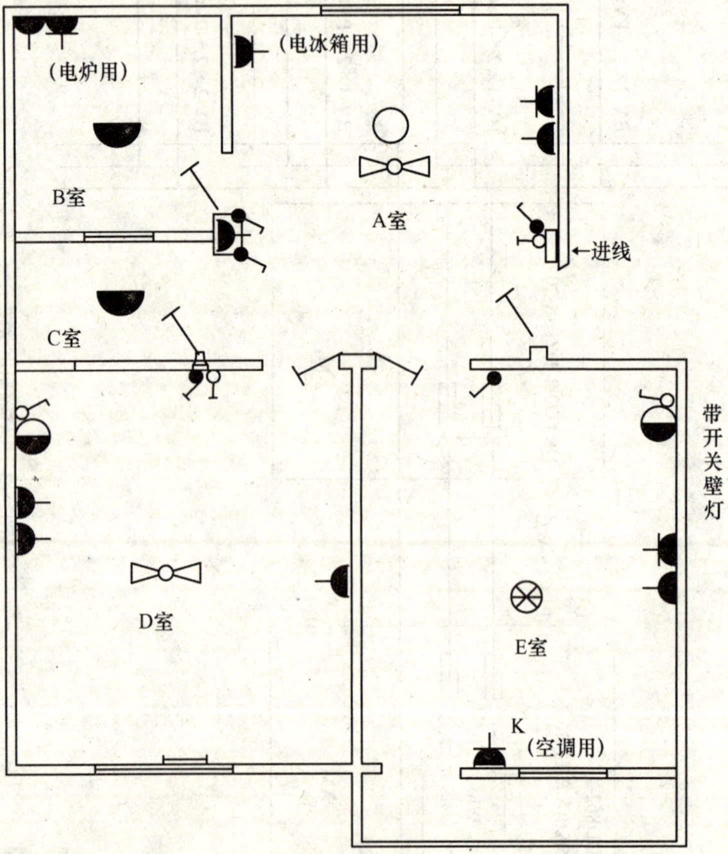

图 2—4　住宅电器布置图示例

4. 电器接线图

在装饰装修电器设备安装中，为保证接线准确无误，要绘制、并阅读电器接线图，它比照明电路图更清楚地表示出各用电器具的连接关系。某住宅电器接线图如图 2—5 所示。

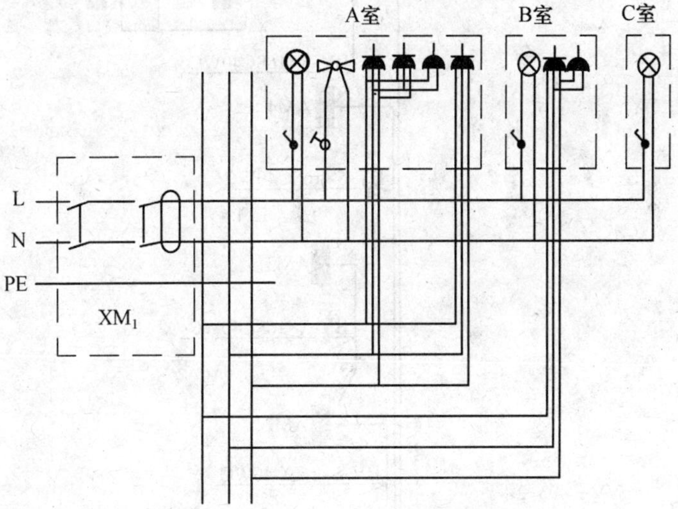

图 2—5 住宅电器接线图示例

5. 配电系统图

配电系统图是表现各种电器设备的平面位置、空间位置、安装方式及相互关系的图。某干线配电系统图如图 2—6 所示。

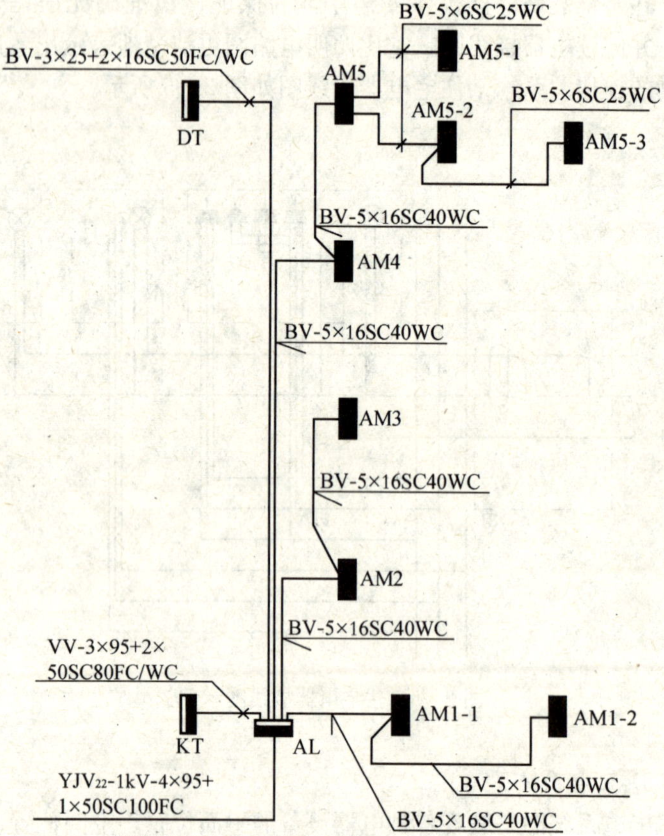

从室外配电室引入电源，埋深0.8m

P_e=227.7kW

K_x=0.6

$\cos\varphi$=0.9

I_{js}=230.8A

图 2—6　干线配电系统图

第三单元　室内配电线路

学习要点：

1. 了解室内线路的安装要求。
2. 掌握线槽、线管布线及插座、开关的安装。

模块一　室内线路的安装要求和配线工序

由导线及其支持物件组成的配电线路起着输送电能的作用，能把电能输送到每个供电和用电环节。线路的种类很多，根据其安装方式不同可分为户内外配电线路、架空线路和电缆线路等。要使各种用电设备能够正常运行，就必须确保配电线路的安全可靠。为此，电工必须正确掌握配电线路安装和维修方面的操作技术。

一、室内线路的安装要求

室内线路（即户内线路）有明线和暗线两种敷设方法。在室内墙壁、地坪、顶棚及楼板等处内部的导线称为室内暗线。室内线路的配线方式常用的有护套线、线槽配线、线管配线等。

室内线路的安装除了要满足本线路的一般要求外，还必须同时满足配电线路总的通用技术要求。

1. 配电线路总的通用技术要求

（1）必须有足够的绝缘强度。配电线路的绝缘除应能保证承受正常工作电压外，还应能承受一定的过电压。对运行中线路的绝缘电阻一般规定为：相线对大地或对中性线之间不应小于 0.22 MΩ；相线对相线之间不应小于 0.38 MΩ；在潮湿、具有腐蚀性气体或水蒸气的场所，导线的绝缘电阻允许适当降低，但不应低于原标准的 50%；对于 36 V 安全电压的线路，也不应小于 0.22 MΩ。对新安装的低压线路，其绝缘电阻均不应小于 0.5 MΩ。

（2）必须有足够的机械强度。配电线路除应能担负其自重产生的拉力外，还应能承受安装、维修等外力以及热胀冷缩产生的内应力。导线机械强度的安全系数不宜低于 2.5～3.5。

（3）导线必须满足电流通过时产生的发热温度。配电线路在正常运行时的最高温度为：铜铝母线（裸导线）不应超过 70℃，各类绝缘导线不应超过 65℃。

（4）线路导线截面的选择。可参阅第一章的导线截面选择方法。

（5）所选的导线安全载流量必须与熔断器的熔体额定电流相配合。

（6）必须满足线路允许的电压降。电流通过线路时产生的电压降落（即电压损耗），一般不宜超过 4%。

（7）必须满足连续性试验要求。明、暗管线的钢管、电缆线路的金属包皮应成为连续的导电体，即从总开关邻近的一点起到户内线路装置的任何一点止，任意两点之间的电阻不应大于 1 Ω。

（8）线路敷设方式必须满足使用场所的要求。配电线路有多种敷设方式，各种配线方式的适用范围见表 3—1。表中易燃易爆场所一项是指有高度易燃危险和有一般易燃危险或可能爆炸的场所，如汽油提炼车间、乙炔站、电石仓库、油漆生产车间、氧气站等。表中可燃场所一项是指一般可燃物的生产或加工场所。

（9）中性线最小截面积的规定。配电线路中，中性线截面 S_N 由相线截面 S_L 来决定，其规定是：

在单相二线或二相三线供电方式中：$S_N = S_L$

在三相四线供电方式中：

当相线截面 $S_L \leqslant 16\ mm^2$ 时，即 $S_N = S_L$

当相线截面 $S_L > 16\ mm^2$ 时，应同时满足下列要求，即

$S_N \geqslant 16\ mm^2$　　$S_N \geqslant S_L/2$

（10）严禁将专用保护线用作中性线。

2. 室内线路的基本要求

室内配电线路除了应符合上述配电线路的通用技术要求外，还应满足以下基本要求。

（1）使用不同电价的用电设备，其线路应分开；使用相同电价的用电设备，允许安装在同一线路上，如小容量单相电动机、单相电炉，允许与照明线路共用。具体安排线路时，还应考虑到检修和事故照明等需要。

（2）不同电压和不同电价的线路应有明显区别。

（3）照明线路的每一支路，装接电灯数和插座数的总和一般不可超过 25 只。同时，每一支路的最大负荷不应超过15 A，电热线路的每一支路，装接的插座数一般不可超过 6 只，同时，每一支路的最大负荷电流不应超过 30 A。

（4）在线路导线截面减小的地方或线路的分支处，一般均应安装一组熔断器。但符合下列情况之一时，则允许免装。

一是导线截面减小后或分支线的导线安全载流量不小于前一段有保护的导线安全载流量的 50%时。

二是前一段有保护的线路，已经装有熔体且其额定电流不大于 20 A 时。

三是当管子线路分支导线的长度不超过 30 m 或明敷线路分支导线长度不超过 1.5 m 时。

（5）室内线路的敷设方法，应适应使用环境要求，可参阅表 3—1。

（6）室内线路使用的导线，其额定电压应大于线路工作电压，对明线敷设的导线应采用绝缘导线，导线的最小截面和敷设距离应符合表 3—2 的规定。

（7）为确保安全，室内电气管线和配电设备及其他管道、设备间的最小距离应符合表 3—3 的规定。

表 3—1　　　　各种配线方式的适用范围

敷设方法	敷设场所					
	干燥	潮湿	户外	可燃场所	腐蚀场所	易燃易爆场所
电缆线路	√	√	√	√	√	√
槽板配线	√					
瓷夹明线	√					
瓷柱明线	√	√	√	√		
瓷瓶明线	√	√	√	√	√	
塑料护套线	√	√	√	√	√	
明、暗管线	√	√	√	√	√	√

表 3—2　　　　室内明线敷设导线的最小截面和距离

配线方式	绝缘导线最小截面（mm^2）		敷设距离					
			绝缘导线截面（mm^2）		前后支持物间最大距离（m）	线间最小距离（mm）	与地面最小距离（m）	
	铜芯	铝芯	铜芯	铝芯			水平敷设	垂直敷设
瓷夹板	1.0	1.5	1.0～2.5	1.0～2.5	0.6	—	2.0	1.3
			4.0～10	4.0～10	0.8			
瓷柱	1.0	2.5	1.0～2.5	1.0～2.5	1.2～1.5	35	2.0	1.3
			4.0～10	4.0～10	1.2～2.0	50		
			16～25	16～25	1.2～2.5	50		
瓷瓶	2.5	4.0	—	4.0	6.0（吊灯 3）	100	2.0	1.3
			≥2.5	≥6.0	10（吊灯 3）	150		
护套线	1.0	1.5	—	—	0.2	—	0.15	0.15

(8) 配线时，应尽量避免导线有接头，若允许有接头时，应采用压接或熔接。但穿在管内的导线，在任何情况下都不能有接头。必要时，应把接头放在接线盒、开关盒或灯头盒内。

(9) 导线穿墙、穿过吊顶及穿过楼板时，应采用保护管。保护管有瓷管、钢管和硬塑料管。但由于穿楼板时，离地不足于表3—2规定的导线也应加保护管，但不应采用瓷管保护。穿墙导线采用瓷管保护时，瓷管伸出墙面至少10 mm。若穿向室外必须一根瓷管穿一根线，但其他场合不属此列。各保护管管径仍根据管内导线的总截面积（包括绝缘层）来选择，不应超过管子有效截面积的40%。

表3—3　　室内电气管线和配电设备与其他管道、设备间的最小距离　　单位：m

类别	管道与设备名称	管内导线	明线绝缘导线	裸母线	滑触线	配电设备
平行	煤气管	0.1	1.0	1.0	1.5	1.5
	乙炔管	0.1	1.0	2.0	3.0	3.0
	氧气管	0.1	0.5	1.0	1.5	1.5
	蒸汽管	上1.0/下0.5*	上1.0/下0.5*	1.0	1.0	0.5
	暖水管	上0.3/下0.2*	上0.3/下0.2*	1.0	1.0	0.1
	通风管	—	0.1	1.0	1.0	0.1
	上下水管	—	0.1	1.0	1.0	0.1
	压缩空气管	—	0.1	1.0	1.0	0.1
	工艺设备	—	—	1.0	1.5	—
交叉	煤气管	0.1	0.3	0.5	0.5	—
	乙炔管	0.1	0.5	0.5	0.5	—
	氧气管	0.1	0.3	0.5	0.5	—

续表

类别	管道与设备名称	管内导线	明线绝缘导线	裸母线	滑触线	配电设备
交叉	蒸汽管	0.3	0.3	0.5	0.5	—
	暖水管	0.1	0.1	0.5	0.5	—
	通风管	—	0.1	0.5	0.5	—
	上下水管	—	0.1	0.5	0.5	—
	压缩空气管	—	0.1	0.5	0.5	—
	工艺设备	—	—	1.5	1.5	—

注：* 表示分子数字为电气管线敷设在管道上面距离，分母数字为敷设在管道下面距离。

二、室内线路的配线工序

室内线路的敷设方法有多种，虽然各配线工序有所差异，但基本点是相同的。

1. 购领器材。按施工图样列出所需器材清单，购领器材。

2. 器材预验。对器材的品种、规格、数量、外观及质量进行预验，发现质量问题及时更换。

3. 划线定位。按施工图划出线路走向及各电器的位置。

4. 支持准备。在土建抹灰前（新建），将线路、电器安装所需的孔、槽凿打好，同时预埋好安装用的木榫、塑料胀管或膨胀螺栓的套筒。必须指出：凡有渗漏可能的敷设面上不得使用木榫。对管线还要按尺寸弯好和接长线管等。

5. 支持物。它包括装角钢支架、铝夹片、固定电线管、穿好引线及安装绝缘子等。

6. 施放导线。施放导线前，应核对导线类型和规格，符合规定后，方可施放。

7. 收紧导线。对护套线路应在敷线中同时进行紧线。导线的松紧程度应按季节调整。

8. 安装电器。电器安装要求做到平直、牢固。

9. 线路接线。接线必须正确、规范。

10. 线路检验。质量合格后才能通电校验。

模块二　线槽布线

一、塑料线槽布线

塑料线槽又称 PVC 阻燃线槽，呈白色，它由难燃的聚氯乙烯塑料经阻燃处理制成。线槽由底板和盖板两部分组成。两板通过钩状槽相互结合，将导线放入底板槽内，然后压上盖板，两板便紧扣在一起。若要取下盖板，只要用手扳开即可，装拆方便。塑料线槽布线适合干燥和不易受机械损伤的场所，适合旧房翻新时改造布线用。

根据槽宽和槽高的不同塑料线槽有数种规格，见表 3—4，其剖面形状如图 3—1 所示。

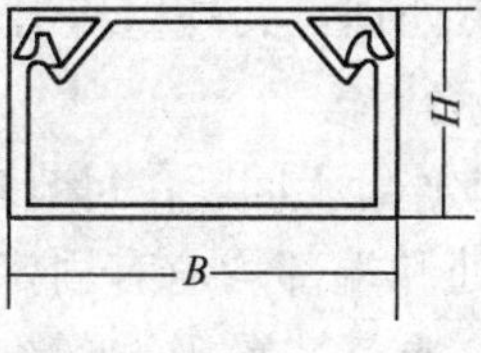

图 3—1　塑料线槽剖面形状

表 3—4　　**PVC 线槽规格**　　单位：mm

编号	规格	尺寸		
		宽（B）	高（H）	壁厚
GA15	15×10	15	10	1.0
GA24	24×14	24	14	1.2

续表

编号	规格	尺寸		
		宽（B）	高（H）	壁厚
GA39/01	39×18	39	18	1.4
GA39/02	39×18（双坑）	39	18	1.4
GA39/03	39×18（三坑）	39	18	1.4
GA60/01	60×22	60	22	1.6
GA60/02	60×40	60	40	1.6
GA80	80×40	80	40	1.8
GA100/01	100×27	100	27	2.0
GA100/02	100×40	100	40	2.0

注：线槽为白色，长度可根据需要确定。

还有一种 VXC-20 型塑料线槽，其尺寸为 20 mm×12.5 mm，每根长 2 m，常用于住宅等布线。

1. 塑料线槽布线施工要求

（1）线槽应平整、无扭曲变形，内壁应光滑、无毛刺。

（2）线槽需经阻燃处理，其外壁应有间距不大于 1 m 的连续阻燃标记和制造厂标。

（3）线槽的连接应连续无间断；每节线槽的固定点不应少于两个；在转角、分支处和端部均应有固定点，并应紧贴墙面固定。线槽接口应平直、严密，盖板应平整、严密。固定或连接线槽的钉子及其他紧固件，紧固后其端部应与线槽内表面光滑相接。线槽的出线口位置要正确、光滑、无毛刺。线槽敷设要平直整齐；水平或垂直允许偏差为其长度的 2%，且全长允许偏差为 20 mm；并列安装时，线槽间留有适当间距，盖板要便于开启。

（4）导线的规格和数量应符合设计规定，当无设计规定时，线槽内各导线截面（包括绝缘层）之和应不大于线槽内截面的 60%。在可拆卸盖板的线槽内，导线接头处所有导线截面（包括绝缘层）之和应不大于线槽内截面的 75%；在不易拆卸盖板的线槽内，导线的接头应置于线槽端部的接线盒内。

2. 塑料线槽布线施工

（1）布线准备工作。布线准备工作包括：定位、划线、凿孔、埋设预埋件和保护管等。定位、划线时，应沿房屋的线脚、墙角、横梁等较隐蔽的地方。为了便于施工，敷设位置也不能紧靠墙角。线槽应与建筑物的线条平行或垂直，做到整齐、美观。塑料线槽不能穿越顶棚、墙壁和楼板。当导线需穿墙或穿过楼板时，应埋设保护管。线槽底板可用水泥钉固定，但当用塑料线槽敷设导体截面 6 mm^2 以上的导线时，为了牢固，必须埋设木榫。

（2）底板和明装盒。在划线的路径上一段一段地固定线槽底板。槽板不够长时，可将两根槽板对接，但底板和盖板的接口不宜在同一地方。

槽板在转角处连接时，把两根槽板端部分别用钢锯锯成 45°斜角；分支处应成 T 形叉接。

固定底板时，在距底板起点和终点 30 mm 处用螺钉或水泥钉固定；起点和终点固定水泥钉之间，两钉的距离一般不大于 500 mm。

如果开关、插座采用明盒安装，则预先在安装处埋设木砖或木榫或塑料胀管，将其固定好，将底板直接插入明装盒内。当线槽的终端进入圆木安装开关、插座或吊线盒时，须将圆木用电工刀开口，以便卡住线槽。

当开关、插座为暗装时，开关面板或插座面板不能直接固定在线槽的盖板上，应该先埋设接线盒（开关盒、插座盒），再把开关面板或插座面板与接线盒连接。

（3）敷线、盖板。预先按线路走向和尺寸把盖板料下好，由于在拐弯分支处要加附件，盖板下料时要控制好长度，盖板要压在附件下 8～10 mm。直线段对接时，上面可不加附件。敷线时将导线放入底板内，再把盖板盖上。

塑料线槽安装如图 3—2 所示。塑料接线盒及盖板型号规格见表 3—5。

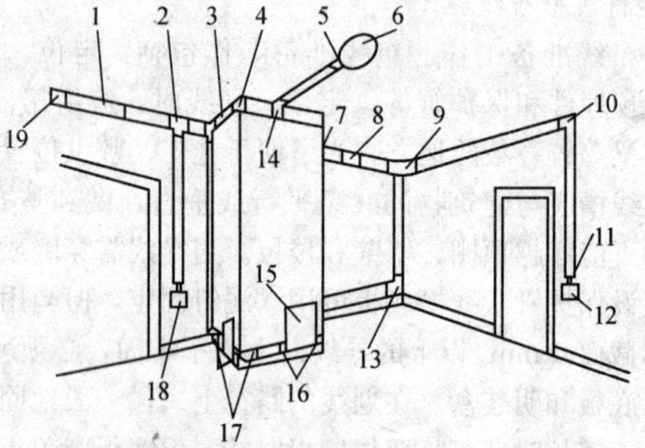

图 3—2　塑料线槽安装

1—塑料线槽　2—平三通　3—右三通　4—阳角　5—灯头盒插口　6—灯头盒　7—阴角　8—连接头　9—左三通　10—平转角　11，16，17—接线盒插口　12，15，18—接线盒　13—直转角　14—顶三通　19—终端头

表 3—5　　塑料接线盒及盖板型号规格　　单位：mm

型号		规格尺寸				编号
		A	*B*	*C*	*D*	
接线盒	SM51	86	86	40	60.3	HS1151
	SM52	116	86	40	90	HS1152
	SM53	146	86	40	121	HS1153
盖板	SM61	86	86	—	60.3	HS1161
	SM62	116	86	—	90	HS1162
	SM63	116	86	—	121	HS1163

注：*A* 表示长，*B* 表示宽，*C* 表示高，*D* 表示安装孔距。

二、金属线槽布线

金属线槽布线一般用于正常环境的室内场所明敷，如办公楼、商店、住宅等场所，但也可用于室外。具有槽盖的封闭式金属线槽的布线方法与住宅用塑料线槽的布线方法类似。

金属线槽布线应注意以下事项：

1. 金属线槽应经防腐处理。

2. 所敷设的金属线槽应可靠接地或接零，但不应作为设备的接地导体。

3. 同一回路的所有导线（包括相线和零线）应敷设在同一金属线槽内。

4. 同一路径没有防干扰要求的导线，可敷设于同一金属线槽内。线槽内导线或电缆的总截面（包括外护层）不应超过线槽内截面的20%，载流导线不宜超过30根。控制、信号或与其相类似的线路，导线或电缆的总截面不应超过线槽内截面的50%，导线或电缆根数不限。

5. 导线或电缆在金属线槽内不宜有接头。在易于检查的场所，可允许在线槽内有分支接头，导线、电缆和分支接头的总截面（包括外护层）不应超过该点线槽内截面的75%。

6. 金属线槽布线，在线路连接、转角、分支及终端处应采用相应的附件。

7. 金属线槽垂直或倾斜敷设时，应采取措施防止导线或电缆在线槽内移动。

8. 金属线槽敷设时，吊点及支持点之间的距离，应根据工程具体条件确定，一般设置吊架或支架的部位时，在直线段不大于3 m处，线槽首端、终端及进出接线盒0.5 m处以及线槽转角处。

9. 金属线槽布线，不得在穿过楼板或墙壁等处进行连接。

10. 由金属线槽引出的线路，可采用金属管、PVC管、PVC可挠管、金属软管或电缆等布线方式。导线或电缆的引出部位不得受损。

11. 地面内暗装金属线槽布线，适用于正常环境下，大空间隔断变化多、用电设备移动大或敷有多种功能线路的场所，暗敷于现浇混凝土地面、楼板或楼板垫层内。布线时，线槽内导线或电缆的总截面（包括外护层）不应超过线槽内截面的40%，强电和弱电线路应分槽敷设，线槽内导线或电缆不得有接头，线槽在交叉、转弯或分支处应设置分线盒，线槽的直线长度超过6 m时，宜加装分线盒。由配电箱、接线端子箱等设备引至线槽的线路，宜采用金属线槽布线方式引入分线盒，或以终端连接器直接引入线槽，线槽出线口和分线盒不得突出地面，且应做好防水密封处理。

模块三　线管布线

线管布线是把绝缘导线敷设在管材内的布线，也称为配管布线。管材有电线管、钢管、PVC可挠管、PVC波纹管和铝塑管等。配管布线有明管布线和暗管布线两种。配管布线的优点是安全可靠，适应环境范围广，适宜在潮湿、易受腐蚀及有火灾和爆炸危险的场所采用。

线管布线施工要求：

1. 敷设在多尘或潮湿场所的线管管口及各连接处均应做密封处理。

2. 当配管暗敷时，线管宜沿最近的路线敷设，并应减少弯曲。埋入建筑物、构筑物内的线管，与建筑物、构筑物表面的距离不应小于15 mm。

3. 进入落地式配电箱的线管，应排列整齐；管口宜高出配电箱基础面50～80 mm，以防止积水或杂物从地面进入管内而降低绝缘强度。必要时可将线管管口用胶带封闭。

4. 线管不宜穿过设备或建筑物、构筑物的基础，以防基础下沉或设备运转时的振动。当必须穿过时，应采取保护措施（如用钢管保护），并留出沉降量和振幅量。

5. 线管的弯曲处，不应有折皱、凹陷和裂缝，且弯扁程度不应大于线管外径的 10%，以防渗漏，并保证穿线方便及穿线时不损坏导线绝缘层，并便于维修。

6. 配管明敷时，弯曲半径不宜小于管外径 6 倍；当两个接线盒间只有一个弯曲时，其弯曲半径不宜小于管外径的 4 倍。配管暗敷时，弯曲半径不宜小于管外径 6 倍；当埋设于地下或混凝土内时，其弯曲半经不宜小于管外径的 10 倍。

7. 当线管长度每超过 30 m 且无弯曲、管长度每超过 20 m 且有一个弯曲、管长度每超过 15 m 且有两个弯曲、管长度每超过 8 m 且有三个弯曲时，中间均应增设接线盒或拉线盒，且接线盒或拉线盒的位置应便于穿线，防止导线受损。

8. 当垂直敷设的线管管内导线截面为 50 mm^2 及以下且长度每超过 30 m 时、管内导线截面为 70～95 mm^2 且长度每超过 20 m 时、管内导线截面为 120～240 mm^2 且长度每超过 18 m 时，均应增设一个固定导线用的拉线盒，以防止自重损伤导线。

导线在拉线盒内的固定方法如图 3—3 所示。

9. 垂直或水平敷设的明配线管，其垂直或水平安装的允许偏差为 1.5‰，全长偏差应不大于管内径的 1/2。

10. 金属线管及盒（箱）可以与塑料线管及盒（箱）混用，但非带电的金属线管和盒（箱）必须与 PE 线有可靠的电气连接。

11. 配管暗敷的接线盒、灯座盒及开关盒的“敲落孔”，除对实装管孔必须敲落外，其他供做备用的“敲落孔”一律不得敲落。

12. 当线管暗装在具有易燃结构的部位时，应对其周围的易燃物做好防火隔热处理。

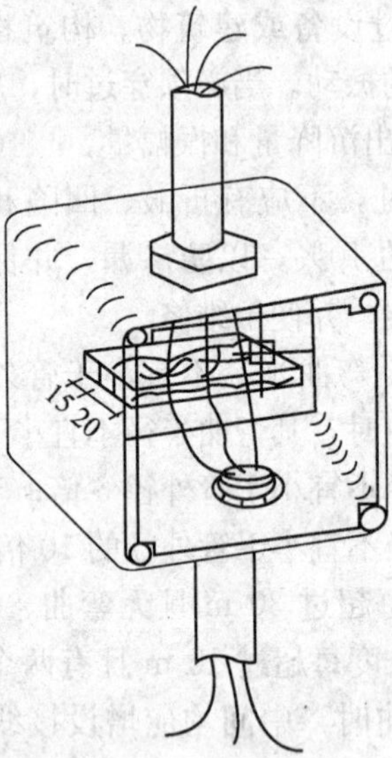

图 3—3　导线在拉线盒内的固定方法

13. 暗管通过建筑物伸缩沉降缝时，需按伸缩沉降方式不同做好伸缩装置。

14. 暗管敷设工程在竣工验收时，应将施工中管线变更部分和实际敷设部位（包括分线盒和接线盒及管线规格）及走向，在竣工图中修正并清楚标明，以供维修时使用。

一、PVC 塑料管布线

PVC 塑料管又称 PVC 阻燃电线管，简称为 PVC 管，属于冷弯型硬质塑料管。它具有耐腐蚀、耐压（暗敷于混凝土内不被压坏）、抗冲击、阻燃、绝缘性好、施工方便，以及价格较钢管便宜等优点。在住宅等电气安装中得到广泛应用。

1. 主要规格

PVC 管及配件的规格是用直径表示的，常用的规格有 ϕ16 mm、ϕ20 mm、ϕ25 mm、ϕ32 mm、ϕ40 mm、ϕ50 mm 和

ϕ63 mm 等几种。住宅装修中常用的是前 4 种。

2. PVC 管布线施工的要求

（1）PVC 管外壁上应有间距不大于 1 m 的连续阻燃标记和制造厂标，以防伪劣产品被用于安装。

（2）PVC 管不应敷设在高温和易受机械损伤的场所。

（3）PVC 管布线宜减少弯曲，当线路直线段长度超过 15 m 或直角弯超过 3 个时，均应装设接线盒。

（4）管与管之间采用套管连接时，套管长度宜为管外径的 1.5～3 倍；管与管的对口处应位于套管的中心；管与接线盒等连接时，插入深度宜为管外径的 1.1～1.8 倍。

（5）埋于地下或楼板内的 PVC 管，在露出地面易受机械损伤的部位，应采取钢管保护。

（6）管子、接线盒、开关盒、插座盒和灯座盒等器具预埋时，应在管口、盒内堵上纸等，以防土建施工时水泥砂石或杂物进入。

3. PVC 管配线前工作

（1）开槽、凿孔。采用 PVC 管暗敷，可在砖墙上用斜管凿或凿子凿槽。有条件时可用锤凿两用机或其他专用开槽机开槽。开槽宽度应以能放入所选用的 PVC 管为宜，深度则应保证嵌入后的线管外表面至墙砖外面距离不小于 15 mm。暗装开关盒、插座盒、接线盒均需预先凿孔，安装深度以盒口平面凸出墙面 3～4 mm 为宜。凸出部分为接线盒凸缘。这样，盒盖装上后，其周围正好与墙面贴平。凿孔内埋设木榫或塑料胀管，以便用于安装接线盒。

（2）弯曲、截断、连接 PVC 管。PVC 管可采取冷弯法将其弯成所需的角度。弯管前管内应穿入相应的弯管弹簧。常用的弯管弹簧有 4 种规格：ϕ16 mm、ϕ20 mm、ϕ25 mm、ϕ32 mm，分别适用于相应的 PVC 管弯管用。弯管弹簧内穿入一根绳子，绳子与弹簧两端的圆环打结连接后留有一定的长度，用绳子牵动弹簧，使其在PVC管内移动到需要弯曲的位置，弯曲时用膝盖顶住PVC管需弯曲处，用双手握住管子两端，慢慢使其弯曲，如果速度过快，易损坏管子及管内的弹簧。弯曲后，一边拉栓住弹簧的露在管外的绳子，一边按逆时针方向转动PVC管，将弹簧拉出。PVC管可用截管器或专用剪刀轻轻截断，也可用钢锯锯断。PVC管的连接有插入法和采用专用配件连接法两种，这两种方法连接时，在接合面均应涂上专用接口胶（胶合剂）。即使是暗敷的管子，连接处也不能遗漏涂胶。涂抹接口胶时，接口面应保持干燥，套管的内表面和管子的外表面都应涂抹接口胶，如套管较大，可在管头上缠塑料胶布然后涂胶，涂胶后立即扭动插入，至少放置15 s后方能继续施工，连接PVC管的专用配件有直接头、90°弯头 、45°弯头、异径接头和活接头等。

4. PVC管明敷施工

（1）配管的固定。PVC管的固定方法大体可以分为4种：第一种，用鞍形管夹或管卡固定在支架上；第二种，直接固定在建筑物的墙壁或梁柱上；第三种，采用管卡、塑料胀管、木螺钉固定；第四种，用U形卡固定在钢支架上。

PVC管卡有两种：一种有PVC管底座，外形如图3—4a所示；另一种无底座，外形如图3—4b所示，管卡用薄钢板冲压而成。如果PVC管固定在扁钢支架上，应采用无底座管卡，若PVC管固定在墙上，应采用有底座管卡。用一只塑料胀管固定底座后，再用自攻螺钉把管卡连同PVC管一起固定在底座上。

几种明敷线管的固定方法如图3—5所示。明敷线管应排列整齐，固定点间距应均匀，管卡间最大距离应符合表3—6的规定。管卡与终端、转弯中点、电气器具或盒（箱）边缘的距离为150～500 mm。

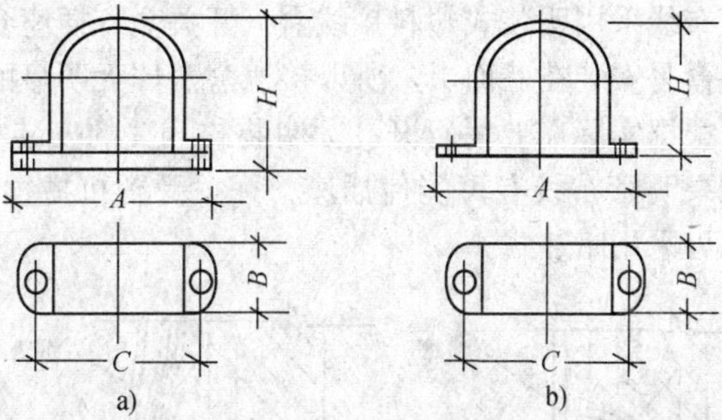

图 3—4 两种 PVC 圆管管卡

a）有底座 b）无底座

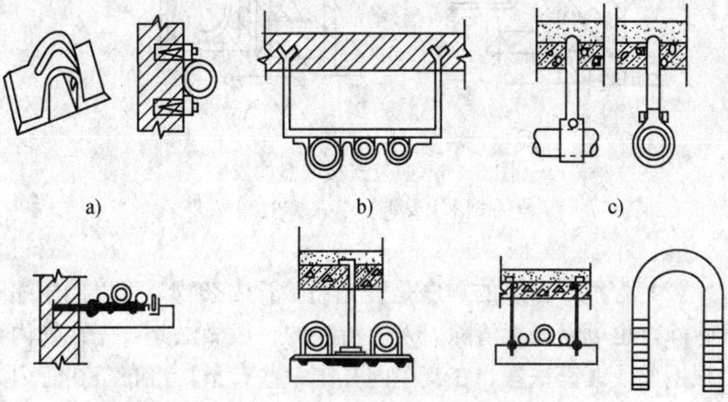

图 3—5 明敷线管的固定方法

a）管卡沿墙敷设 b）多管直敷设 c）单管吊装敷设

d）支架沿墙敷设 e）双管吊装 f）三管吊装

表 3—6　　PVC 管管卡间最大距离　　单位：mm

敷设方式	管内径		
	≤ϕ20	ϕ25～40	≥ϕ50
吊架、支架或沿墙敷设	1 000	1 500	2 000

明管布线采用明装式塑料接线盒（开关盒、插座盒）。由于这种接线盒是安装在墙面上，所以接线盒盒体无明显的敲落孔，安装时可根据实际需要另行开孔。明装式开关的安装如图 3—6 所示。如果明管布线有可能使插座、开关受到机械损坏，则插座、开关可采用暗装式。

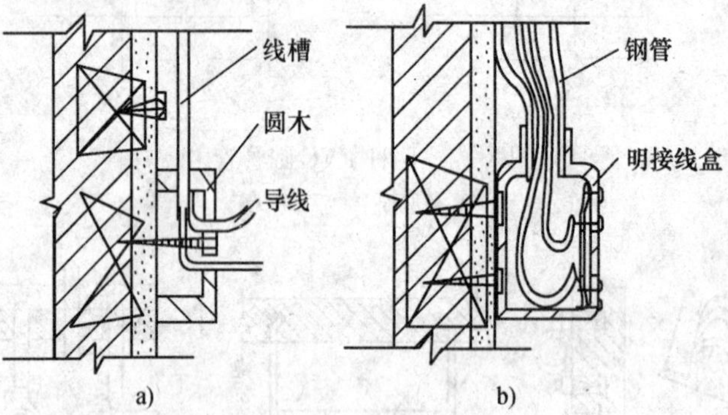

图 3—6　明装式接线盒的安装

a）在圆木上安装　b）在灰砂层上安装

（2）穿线。穿线的顺序是首先消除管内杂物，可以用压缩空气吹除，也可以人工清除。人工清除的一般做法是：先在管内穿一根钢丝或镀锌铁丝，在其中间扎牢一些布条，将布条在管内来回拉动，把杂物带出；接着穿引线钢丝，其做法是将 ϕ1.2～1.6 mm 的钢丝穿入管内，钢丝头部弯成如图 3—7a 的形状，以防止钢丝在管接头处或管子拐弯处被阻挡，当引线不易穿通时，可按图 3—7b 所示的方法，在管子两端同时穿引线钢丝，使两根引线钢丝在管内互相钩住。

在管道较长或管子弯头较多的情况下，可在敷设管路的同时将钢丝穿好；引线钢丝穿好后，开始放线。放线时，对整盘绝缘导线，应从内圈抽出线头。然后将引线一端与所需导线绑扎牢，如果绑扎不牢，当用力拉引线时两者易滑脱。最后穿

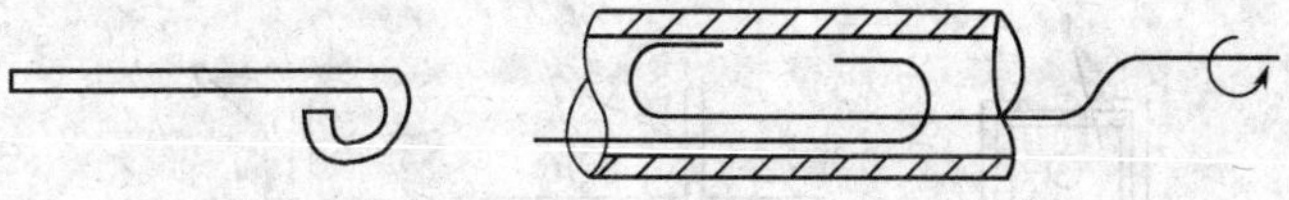

图 3—7　穿引线钢丝

a）引线钢丝外形　b）互穿引线钢丝

线，穿线需两人配合，一人慢慢拉引钢丝，另一人在管子另一端将导线慢慢送入管内。拉线时用力不可太猛，以防导线绝缘层受损。同样，导线不可与管口摩擦。导线穿好后应留足线头长度，以便接线。

5. PVC 管暗敷施工

（1）与土建施工紧密配合预埋。反复阅读照明电气施工图，及时正确地将线管、接线盒、开关盒、插座盒、灯座盒、配电箱等预埋件埋入安装位置。

（2）在现浇楼板、梁柱内预埋。把接上管子的接线盒、灯座盒、开关盒等用铁丝及钉子固定在钢筋及模板上。灯座盒和开关盒等的位置必须准确无误。管子可走捷径。如果两管交叉，则可利用钢筋将其错开，避免互相挤压。在现浇楼板、梁柱内敷设的管子，一般采用 PVC 波纹管或软的铠装塑料管，也可用 PVC 管。线管的布置在浇筑和捣固混凝土时应能灵活地避开（如尽量沿钢筋布设），这样任何力都不会作用于管子所连接的接线盒、灯座盒、开关盒等上。

接线盒、灯座盒等在模板上的固定方法如图 3—8 所示，灯座盒在现浇混凝土楼板内安装如图 3—9 所示，PVC 管在楼板垫层内敷设如图 3—10 所示。

暗管敷设，遇到导线有分接头时，应采用塑料接线盒（又称接头盒）。暗装式开关的安装如图 3—11 所示。

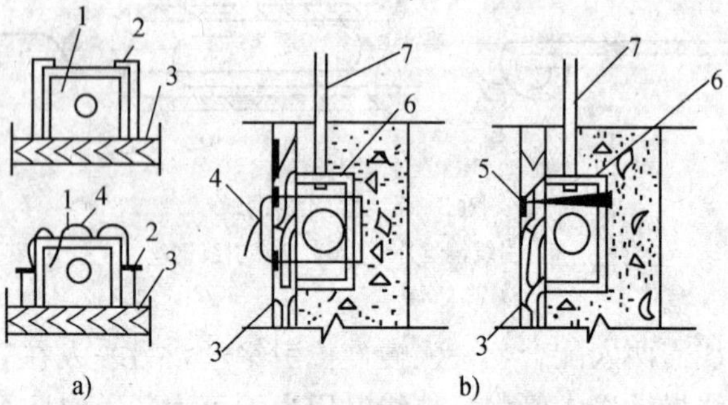

图 3—8　灯座盒和接线盒在模板上固定

a）灯座盒　b）接线盒

1—灯座盒　2—铁钉　3—模板　4—铁丝

5—螺钉　6—接线盒　7—PVC 管

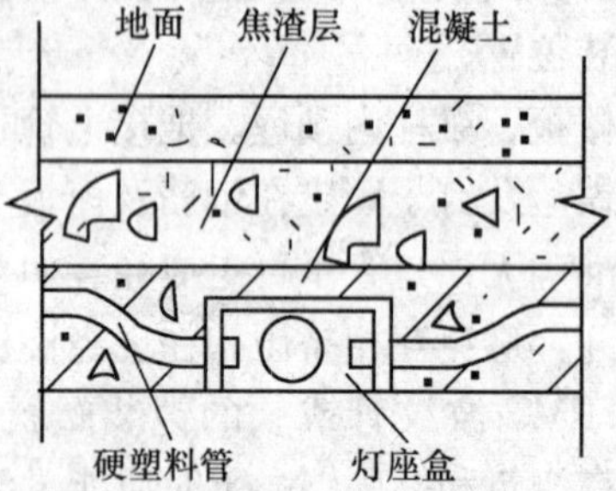

图 3—9　灯座盒在现浇混凝土楼板内的安装

（3）在预制楼板上暗敷。可将线管敷设在预制楼板拼装缝中。如果不能利用缝槽，则只能敷设在预制板的上表面，这时可在预制板装灯具的部位凿一个洞，把管子弯头，穿至预制板下表面，以便与灯座盒相接。敷好后在预制板上再浇一层水泥砂浆，将管子盖没，如图 3—12 所示。

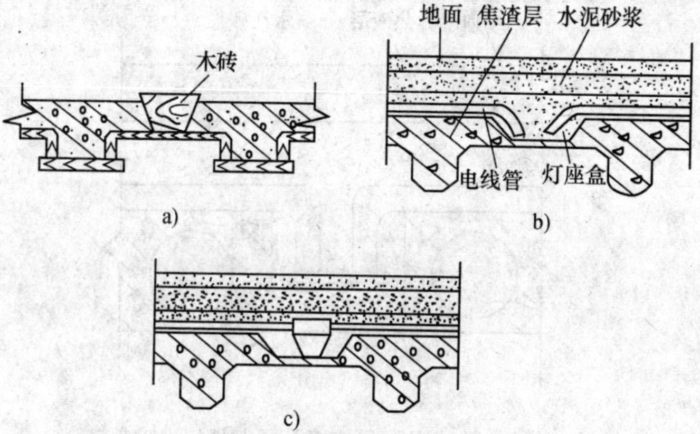

图 3—10　PVC 管在楼板垫层内敷设

a）灌浇混凝土前埋设木砖　b）配管接进线盒　c）配管不弯曲

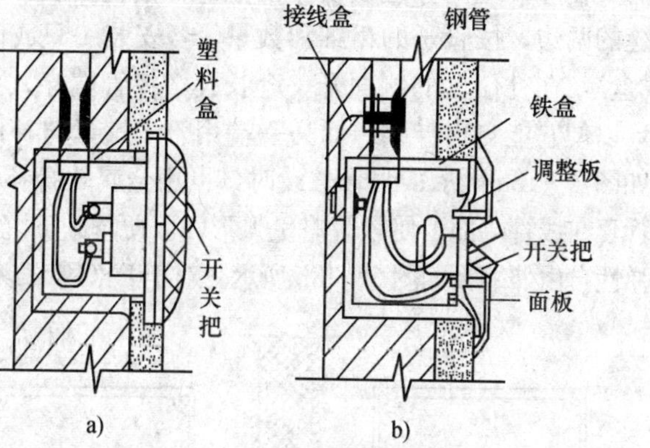

图 3—11　暗装式开关的安装

a）塑料盒　b）接线盒

（4）采用凿子凿槽的方法暗埋适于旧房电气翻新、改造或埋设遗漏的线管。

（5）线管经建筑物伸缩沉降缝时的做法。当暗管经过建筑物

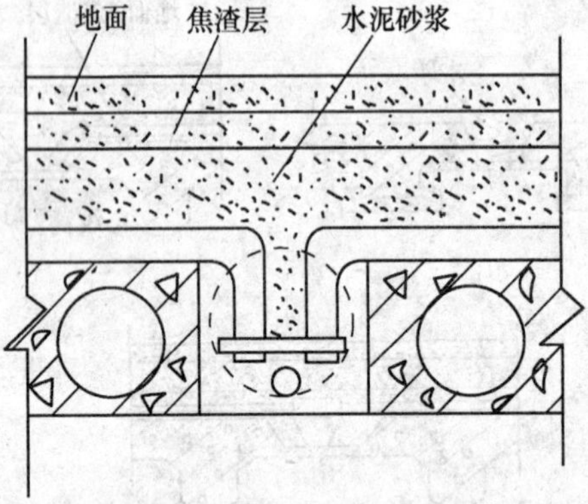

图 3—12　PVC 管在多孔预制楼板上暗敷

伸缩缝（或沉降缝）时，为了防止基础下沉不均而损坏管子和导线，需要在伸缩缝的旁边装设补偿盒。补偿盒安装方法如下：在伸缩缝的两边，按管子的粗细和数量，各安装一只或两只补偿盒（接线盒），在补偿盒的侧面开一个长孔，将管端穿入孔中，无须固定，以便它能自由伸缩；而另一端用管子螺母与补偿盒拧紧固定，如图 3—13a 所示；明管敷设时，可用金属软管补偿，安装时将软管套在线管端部，使软管略呈弧形，以便基础下沉时，借助软管的弹性自由伸缩，如图 3—13b 所示。对于 PVC 管，无跨接地线。

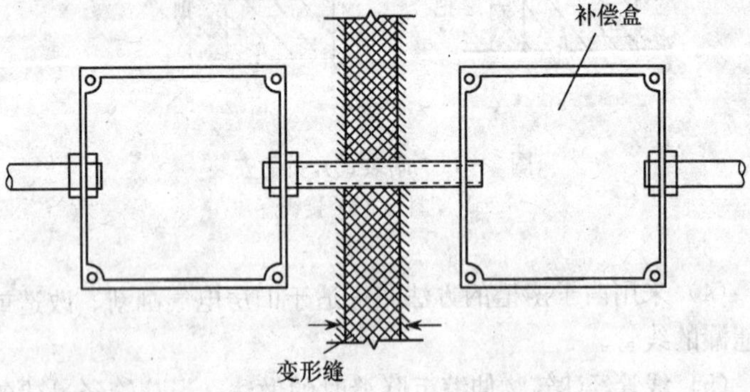

a)

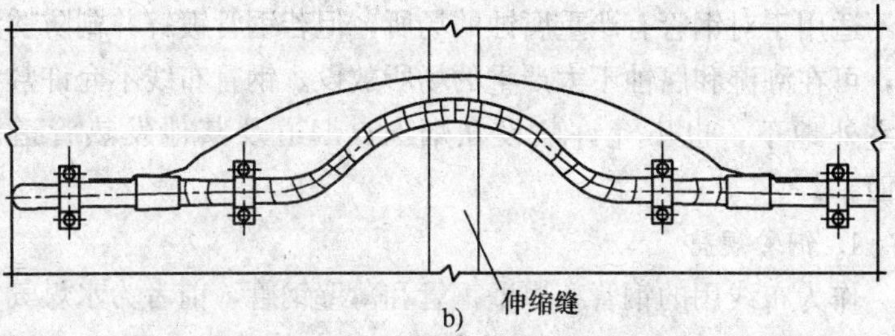

图 3—13　线管遇伸缩缝时的做法

a）暗管的补偿　b）明管的补偿

伸缩缝处转角补偿盒（接线盒）的做法如图 3—14 所示。

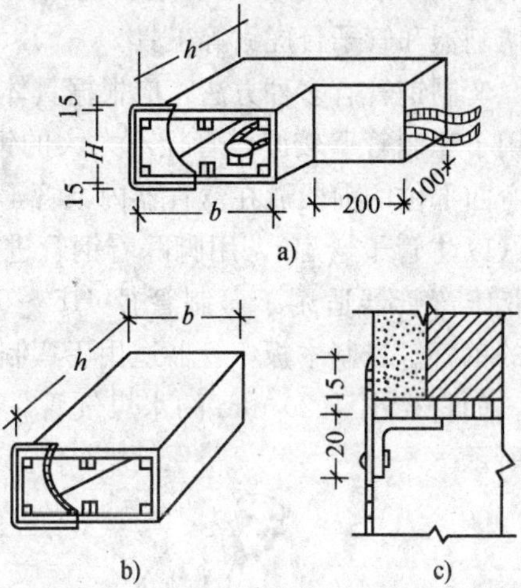

图 3—14　伸缩缝处转角补偿盒的做法

a）方式一　b）方式二　c）补偿盒与砖墙交接做法

二、钢管布线

钢管布线的优点是安全、可靠，耐酸、碱腐蚀，防潮湿，暗敷美观，适用于负荷较大、易碰线及易燃易爆和多尘的场所。明敷不适用于对钢管有严重腐蚀的场所，但若钢管镀锌并刷防锈漆后，可在潮湿和腐蚀不太严重的场所敷设。钢管布线不允许敷设于室外地下，也不允许敷设在烟囱、烟道及其他发热管道的表面。

1. 钢管规格

作为布线用的钢管有厚壁钢管和薄壁钢管，前者为水煤气钢管，其壁厚约为 3 mm；后者为导线管，其壁厚约为 1.6 mm。导线管仅限于干燥场所的布线使用。

2. 钢管布线的准备工作

钢管布线分明敷和暗敷两种，布线的准备工作与 PVC 管布线相似，只是钢管的加工不同于 PVC 管。它需用管子钳、管螺纹铰板、管子切割器和管子台虎钳等工具。

(1) 弯曲。弯制钢管有多种方法，应根据具体情况和条件选用。弯管器适用于弯制管壁较厚、管径不太大的钢管。操作时，先将管子需要弯曲部位的前段放在弯管器内，管子的焊缝放在弯曲方向的侧面（以防管子弯扁），用脚踩着钢管进行弯制，如图 3—15 所示。液压弯管器适用于弯制管径 ϕ15～50 mm 甚至更大、管壁较厚的钢管。自制木板弯管器适用于弯制管壁较薄、直径较小的钢管，如直径小于 20 mm 的水煤气管。自制木板弯管器如图 3—16 所示。

图 3—15　用弯管器弯制

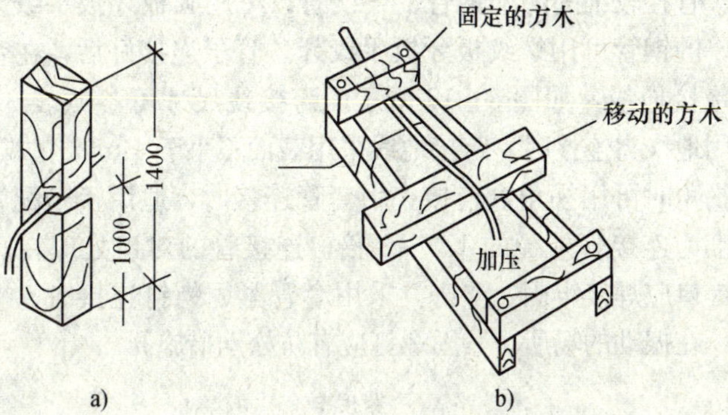

图 3—16　自制木板弯管器

a）方木开口式　b）移动方木式

操作木板弯管器时，用力要适当，慢慢往下压，边弯边把管子向前推，一点一点地弯出所需的弯度。若用力过猛，容易将管弯扁及出现折皱。此外，还可用火加热弯制或用气焊加热弯制。

弯管时应注意：管子的弯曲处应呈弧形，不应有折皱、凹穴和裂缝，弯扁程度不应大于管子外径的 10%。明配管的弯曲半径一般不小于管外径的 6 倍，如只有一个弯时，可不小于管外径的 4 倍。暗配管的弯曲半径应不小于管外径的 6 倍，埋设于地下或混凝土楼板内时，不应小于管外径的 10 倍。管子的弯曲角度一般应不大于 90°。

（2）截断。钢管可用管子切割器截断，也可用钢锯截断。钢管截断后，需对管截口棱角加以修理，使管口光滑不损伤导线绝缘层。

（3）连接。钢管之间的连接有牙扣连接和套管连接两种方法。薄壁钢管、电线管的连接必须用牙扣连接或套管紧固螺钉连接。用牙扣连接时，将要连接的两根钢管的管端，用绞管牙绞出螺纹，螺纹部分长度不应小于管接头长度的 1/2，然后用套接头将两根钢管连接（必要时可加防松螺母）。一般用管子台虎钳把管子固定住绞管。管径较细的薄壁钢管、导线管，可用圆板牙扳手绞牙；管壁较厚的钢管可用螺纹板牙扳手绞牙。管子连接好后，在管接头两端跨接地线，如图 3—17 所示。跨接线尺寸可参照表 3—7 选取。用地线夹连接时，跨接地线采用截面不小于 4 mm^2 的裸铜线。明敷拐角时可用拐角盒连接。用套管连接时，适用于暗配管，套管长度为连接管外径的 1.5～3 倍，连接管的对口处应在套管中心，焊口应焊接牢固、严密。采用套管紧固螺钉连接时，螺钉应拧紧，在振动的场所，紧固螺钉应有防松动措施。

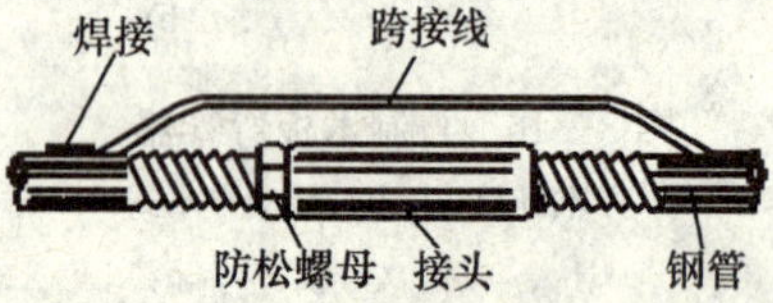

a)

b)

图 3—17 钢管的连接

a）跨接线焊接 b）跨接线用地线夹连接

表 3—7 **跨接线尺寸** 单位：mm

标称直径		跨接地线尺寸	
导线管	水煤气管	圆钢直径	扁钢
≤ϕ32	≤ϕ25	ϕ6	—
ϕ40	ϕ32	ϕ8	—
ϕ50	ϕ50	ϕ10	—
ϕ70～80	ϕ70～80	—	25×4

3. 钢管布线施工

钢管布线的施工基本与 PVC 管相同。但钢管布线所采用的配件，如管卡、接线盒、开关盒、插座盒、拐角盒等均采用铁制品，一般不使用塑料制品，以防日后发生触电事故。而对于采用TN-S、TN-C-S低压配电系统的可以采用塑料配件，但金属线管和盒（箱）必须与PE线有可靠的电气连接。

（1）钢管明敷。钢管明敷时管卡等配件采用铁制品。钢管沿建筑物的金属构件明敷时，薄壁管应用支架、管卡等固定，厚壁管可用电焊直接点焊在钢构件上，焊接时切勿烧穿管子。用管卡固定时管子固定点之间的最大距离见表3—8。明敷钢管拐角用拐角盒连接，其施工方法如图3—18所示。

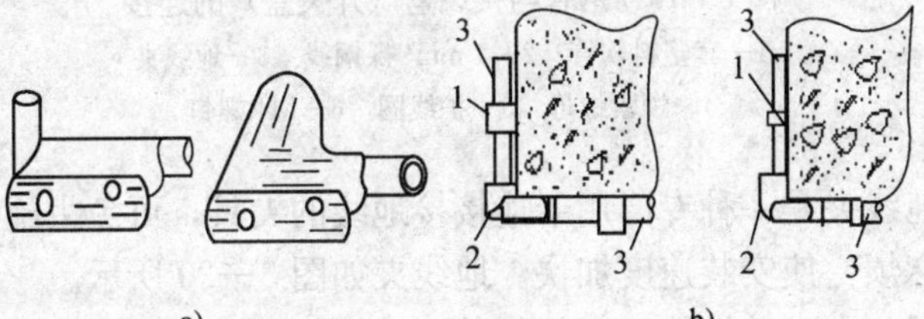

图3—18　明敷钢管拐角用拐角盒连接的施工方法

a）拐角盒　b）在拐角上施工

1—管卡　2—拐角盒　3—钢管

表3—8　　钢管管卡之间最大距离

敷设方式	钢管名称	钢管直径（mm）			
		ϕ15～20	ϕ25～30	ϕ40～50	ϕ65～100
		最大允许距离（m）			
吊架、支架或沿墙敷设	厚钢管	1.5	2.0	2.5	3.5
	薄钢管	1.0	1.5	2.0	—

钢管与接线盒、开关盒、插座盒、配电箱等之间用锁紧螺母连接，如图3—19所示。锁紧螺母由钢板冲制而成，表面防锈层镀锌或涂机油，螺纹与同规格钢管相配合。安装时，先将钢管管

端绞出螺纹，在管子上旋上一个薄螺母，将钢管端穿入接线盒或开关盒等的敲落孔内，再旋上盒内螺母、盒外管螺母，再套上护线圈。钢管与接线盒、开关盒等之间要用导线跨接。

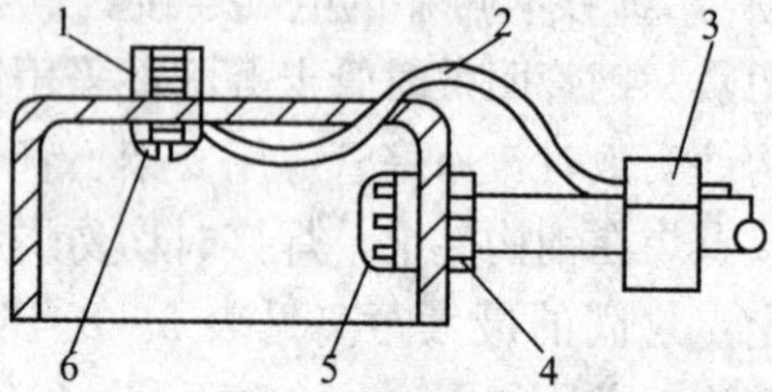

图 3—19　钢管与接线盒（开关盒）的连接

1—套塑料软管　2—4 mm^2 裸铜线　3—地线夹

4—锁紧螺母　5—护线圈　6—M4 螺钉

地线夹是一种专门用于连接接地线的夹具，可免去施工中焊接的麻烦，使安装速度加快。地线夹如图 3—20 所示。

同一直径的钢管上压接地线时，可单夹、双夹或多夹使用。压接导线应为截面不小于 4 mm^2 裸铜线。

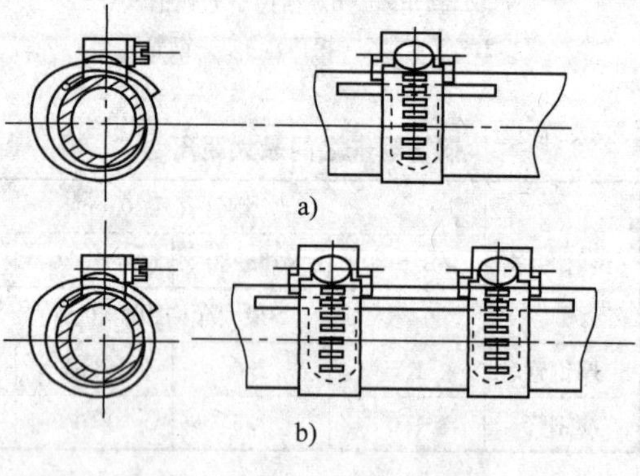

图 3—20　地线夹

a）地线夹单夹使用　b）地线夹双夹使用

（2）钢管在现浇混凝土中埋设。其埋设应在编钢筋时进行，当钢管外径超过混凝土厚度的 1/3 时，不宜采用此办法。

(3) 钢管在现浇混凝土楼板垫层内敷设，需跨接地线。配管完毕，在铺垫层前，应焊好地线。

(4) 钢管在现浇混凝土楼板内敷设如图 3—21 所示。

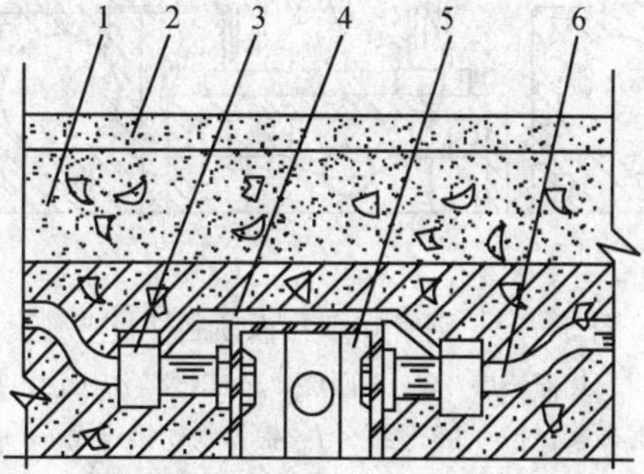

图 3—21 钢管在现浇混凝土楼板内敷设

1—焦渣垫层 2—地面层 3—地线夹

4—地线 5—灯座盒 6—钢管

(5) 钢管在多孔板预制楼板上的敷设。如图 3—22 所示。接线盒（灯座盒）的位置需在楼板上定位凿孔，配管时不能碰断板筋。

(6) 钢管在槽形预制楼板上敷设如图 3—23 所示。

(7) 钢管建筑伸缩沉降缝时的做法。如图 3—13 所示。在金属软管两端需跨接地线。

4. 钢管布线要求

(1) 潮湿场所和直埋于地下的钢管，应采用镀锌钢管、厚壁钢管或防液型可挠金属管；干燥场所的钢管可采用薄壁钢管、电线管或可挠金属管。可挠金属管的外层为镀锌带钢，中间层为冷轧带钢，内层为耐水电工纸并重叠拧成螺旋状，外壁自成牙扣。

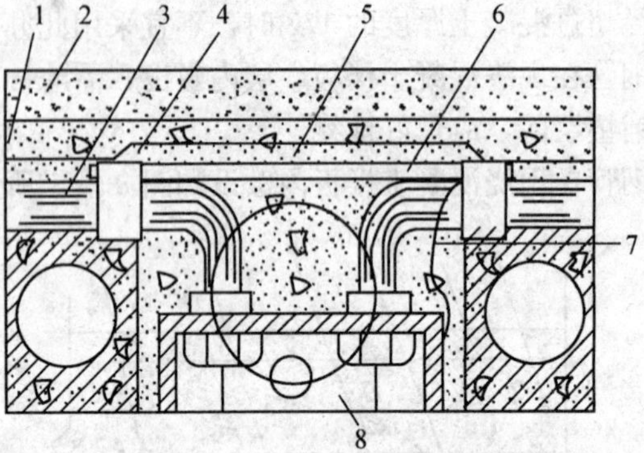

图 3—22　钢管在多孔板预制楼板上敷设

1—焦渣垫层　2—地面层　3—钢管　4—地线夹

5—水泥砂浆保护　6—地线　7—镀锌铁丝接地线　8—灯座盒

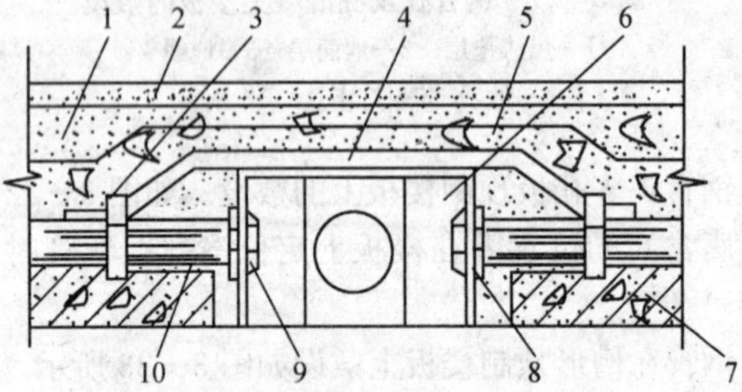

图 3—23　钢管在槽形预制楼板上敷设

1—焦渣垫层　2—地面　3—地线夹　4—地线　5—水泥砂浆保护层

6—灯座盒　7—钢筋混凝土楼板　8—根母　9—护口　10—钢管

（2）钢管内壁、外壁均应做防腐处理。当埋设于混凝土内时，钢管外壁可不做防腐处理，但应除锈；直埋于土层内的钢管外壁应涂两遍沥青；埋入砖墙内的钢管外壁应刷樟丹油；埋入焦渣层内的钢管应用水泥砂浆全面保护；明敷钢管应刷油漆。采用镀锌钢管时，锌层剥落处应涂防腐漆。

(3) 为防止穿管时导线绝缘层被损坏，钢管不应有折扁和裂缝，管内应无铁屑及毛刺，切断口应平整，管口应光滑。

(4) 钢管与盒（箱）或设备连接时，暗配的黑色钢管与盒（箱）连接可采用焊接连接，管口宜高出盒（箱）内壁 3～5 mm，且焊后应补涂防腐漆；明配钢管或暗配的镀锌钢管与盒（箱）连接应采用锁紧螺母或护圈帽固定。当钢管与设备直接连接时，应将钢管敷设到设备的接线盒内。当钢管与设备间接连接时，对室内干燥场所，钢管端部宜增设电线保护软管或可挠金属管后引入设备的接线盒内，且钢管管口应包扎紧密；对室外或室内潮湿场所，钢管端部应增设防水弯头，导线应加套保护软管，经弯成滴水弧状后再引入设备的接线盒。与设备连接的钢管管口与地面之间的距离宜大于 200 mm。

(5) 钢管接地连接时，当黑色钢管采用螺纹连接时，连接处的两端应焊接跨接接地线或采用专用接地线卡跨接。镀锌钢管或可挠金属管的跨接接地线宜采用专用接地线卡跨接，不应采用熔焊连接。

(6) 安装灯具、开关、插座、吊扇等电器处，应设置接线盒，便于检修。

(7) 明配钢管管卡间的最大距离应符合表 3—8 的规定。电气设备和接线盒边缘应有管卡，不能用设备器具和盒（箱）来固定管端；否则维修或更换器具时，会造成钢管移位或设备器具受到附加的应力。

(8) 绝缘导线穿钢管允许根数及相应的钢管最小直径应符合相应规定。

三、铝塑管布线

铝塑管集钢管和塑料管之优点，而克服了它们的缺点。由于它的水密性、气密性高，因此常用作地下、水下敷设电线电缆。目前铝塑管有三个类别：A 类，白色，通用型；B 类，橙色，热水型；C 类，黄色，燃气型。

铝塑管的规格由 4 位数字表示，前 2 位表示内径，后 2 位表示外径。例如 1418-A，表示通用管，内径为 14 mm，外径为 18 mm。

1. 铝塑管的主要特点

（1）耐温、耐压性能好。

（2）导热系数约为钢管的 1/100，但比保温材料高几倍。

（3）无毒，不会产生环境污染。

（4）耐腐蚀。能耐各种酸、碱、盐溶液的腐蚀。

（5）耐老化、难燃及使用寿命长。使用寿命可超过 50 年。

（6）管内壁十分光滑，作为敷线用，穿线十分容易。

（7）可以弯曲，而且一经弯曲不会反弹。

2. 铝塑管布线施工要求

（1）材料品种、质量符合要求，并有复验报告。

（2）预埋、预留正确，管道顺直，安装牢固。卡子间距以 50～100 cm 为宜。

（3）割管、制弯时，严禁管道受损。受损管材、管件严禁使用。

3. 铝塑管施工步骤

（1）预埋预留。砌墙时在卡子固定处预埋木砖，做好过墙、过板的孔洞预留。木砖要经防腐处理，埋设要牢固，预留位置要准确、规范。

（2）吊直、弹线、套管制作安装。随装饰进度穿插施工，自最高点拉通线、吊直、埋设套管，并留出止水高度。待墙面镶贴面砖或抹灰完成后，弹出竖向及水平线。

（3）卡子固定。沿水平、竖向线凿出木砖面，选用长木螺钉上紧卡子，注意保护釉面砖墙面。

（4）下料。按系统、层、段量好管子的下料长度，下料、编号、放好，并应注意以下几点：

1）统一测量、集中下料。必须测量准确，编号分类清晰。

2）调直。铝塑管成卷供应，一次取长一般为 3～4 m，粗略取直后按需截取，然后靠在顺直的角钢内，用橡皮锤击打找直。

3）裁切。用专用剪裁切比较方便，也可以用钢锯或其他切割机具，但必须在安装前用整口器将管口套圆。

4）制弯。铝塑管最小弯曲半径为 $5D$（D 为铝塑管直径），应掌握好弯曲半径，过大影响美观，过小内芯受损。制弯时一定要插入内簧，然后放到模具上轻弯，并用橡皮锤击打。

5）预组装。部分管件、管段可预组装的应先组装。管材、管件连接采用插入夹紧式。先检查管件胶垫、垫圈是否齐全，将管子尽量插紧，用扳手拧紧。管件与管件之间的牙扣连接和镀锌管操作方法相同，也应留 2～3 个余牙。

（5）安装。按先主后次、先立后支的顺序，逐层逐段安装，具体工序以方便施工为准。随时吊正、紧固。待安装完毕后，进行一次全面质量检查。

模块四　插座与开关的安装

一、电源插座与开关的安装

1. 预埋件的制作与埋设

装修装饰工程电气安装需要做好预埋件的预埋工作。所谓预埋，就是配合土建施工把预埋件埋设在砖墙或现浇混凝土楼板、梁、柱中。

对于砖墙结构的已建房，可以在砌墙过程中把线管、接线盒、开关盒、灯座盒、插座盒、配电箱等电气设备埋入墙内。来不及预埋或者预埋件遗漏，也可以在墙体粉刷前凿孔、挖槽补埋。

2. 照明开关的安装要求

（1）安装在同一建筑物、构筑物内的开关，宜采用同一系列的产品，开关的通断位置应一致，且操作灵活、接触可靠。

（2）开关安装的位置应便于操作，开关边缘距门框宜为0.15～0.2 m；扳把式开关距地面宜为1.2～1.4 m，拉线开关距地面宜为2.2～2.8 m，且拉线出口应垂直向下。

（3）相同型号并列安装的开关距地面高度应一致，高度差不应大于1 mm；同一室内安装的高度差不应大于5 mm；并列安装的拉线开关的位置不应小于20 mm。

（4）单极开关应串在相线回路，而不应串在零线回路，这主要是考虑检修或清洁灯具时的安全。

（5）开关安装要牢固，不允许只用一只螺钉固定。

（6）厨房、浴室等潮湿的房间尽量不要安装开关，必须要安装时，应采用防潮防水型开关。室外场所应用防水开关。

（7）明装开关应安装在厚度不小于15 mm的木台上；暗装开关须与面板、接线盒、调整板（若有的话）组合安装，面板安装应端正、严密，并与墙面齐平。

（8）开关进线和出线应采用同一种颜色的导线。

（9）导线端头应紧压在接线端子内，外部应无裸露的导线。

（10）开关盒内导线应留有一定余量。

3. 插座的安装

（1）插座的安装要求

1）普通插座应安装在干燥、无尘的地方。

2）插座应安装牢固，明线插座安装在木台上要用两只木螺钉固定。木台厚度不小于15 mm。

3）明装或暗装插座的安装高度应不低于1.3 m，一般为1.5～1.8 m，空调插座为1.8～2.3 m。

4）近地安装的暗插座一般采用带安全门的，其距地面高度不应低于0.2 m，一般为0.3 m。这是为了方便插座的安装及方便插接插头操作。

5）暗装插座应装在专用的接线盒上，盖板应安装端正、严密，并与墙平行。

6）同一场所的明装插座（或暗装插座），安装高度应相同。

7）空调器、电炉、电热水器等大功率负荷的插座电源线，应单独从配电箱敷设。导线最小截面：铜导线不小于 1.5 mm^2，铝导线不小于 2.5 mm^2。一般铜导线应为 2.5 mm^2，空调器为 4 mm^2。

8）使用煤气或液化石油气的厨房，插座不允许近地面安装，安装高度应距地面不小于 1.3 m。

9）交直流或不同电压的插座安装在同一场所时，应有明显区别，且不同电流、不同电压的插头与插座均不能互相插入。

（2）安装方法。明装插座的安装方法类似明装开关的安装；暗装插座的安装方法类似暗装开关的安装。

（3）接线方法

1）二极插座的正确接线如下：面对插座的右孔（上孔）接相线，左孔（下孔）接零线。

2）单相三极插座的正确接线如下：插座上孔接地线，下面两孔左孔接零线，右孔接相线。

3）三相四极插座正确接线如下：插座上孔接地（零）线，两侧孔和下孔分别接相线。

4）导线颜色应符合规定要求。

二、有线电视、电话线、计算机网络室内配线的安装

1. 有线电视系统常用部件的安装

（1）分配器。分配器是将一路电视信号分成几路信号输出的无源器件。它的安装方式有明装和暗装两种。明装时安装位置要选择在遮雨处，暗装一般装在墙壁内的接线箱内，无论明装还是暗装，输入输出电缆应留有 150～250 mm 的余量，以便于维修。

（2）分支器。分支器是将干线中传输的信号取出一部分送给电视机的器件。分支器的安装方式同分配器。

（3）用户盒。终端电视信号和调频广播的输出插座称为用户

盒。用户盒的安装也有明装和暗装两种。明装以方便、实用为原则。暗装一般在建筑施工中按图样要求的位置预埋。用户盒的安装高度应与室内电源插座齐平并且靠近插座。宾馆等场所的安装高度一般距地面 0.2～0.3 m，住宅一般距地面 1.2～1.5 m，靠近电源插座。电视机和用户盒的连接采用特性阻抗 75 Ω 的同轴电缆，长度一般不宜超过 3 m。

2. 电话线的安装

用户线进入室内通过用户出线盒与电话机连接。出线盒的位置应选在节省管线，并尽量与电话机接近的地方。出线盒的接线方法有接线板终接式、插口式、瓷头终接式等，安装位置有墙壁式和地面式两种。墙壁式出线盒均为暗装，底边距离地面 0.3 m。地面式出线盒适于较大面积的办公室，与地面齐平。

3. 网络室内配线的安装

在原建筑中增设计算机网络时，要使用塑料线槽明敷设，楼道内干线使用 50 mm×20 mm 以上的大尺寸塑料线槽，房间内可以使用普通照明线路用的小线槽。

使用双绞线电缆组网，从集线器到每台计算机的距离不能超过 100 m，否则信号衰减过大。当距离超过 100 m 时，可以通过集线器连接增大传输距离。具体做法是在计算机比较集中的位置装一台集线器，使用连接导线在较远处再设一台集线器。如果线路再长，则需在线路中增加放大器。集线器可以放在配电箱内。

模块五　室内线路质量验收

一、管线安装工程质量标准

为了保证线路投入运行后的安全可靠，在线路安装竣工时，必须经过仔细检查，验收合格后，才可接电运行。

各种配线工程的质量标准及相应的检查方法如下：

1. 绝缘导线连接质量标准

（1）导线连接时，导线本身自缠不应小于 5 圈。

（2）铝线之间焊接，端部熔焊连接长度：25 mm（截面积为 4 mm^2 及以下）；40 mm（截面积为 10 mm^2 及以下）；70 mm（截面积为 25 mm^2 及以下）；90 mm（截面积为 50 mm^2 及以下）；120 mm（截面积为 95 mm^2 及以下）。

（3）铜铝导线在干燥的室内可涂锡连接。

（4）铜铝导线在室外和潮湿的室内应采取铜铝过渡接头。

（5）多股导线与设备连接时，应用接线卡子压接。

（6）铜软线与设备或灯具连接时，线头涮锡成整体后再连接。

2. 配线的允许偏差和检验方法

（1）瓷夹板配线电路中心线。水平线路允许偏差 5 mm，垂直线路允许偏差 5 mm，用拉线、吊线、尺量检查。

（2）瓷柱、瓷瓶配线。水平线路允许偏差 10 mm，垂直线路允许偏差 5 mm，用拉线、吊线、尺量检查。

（3）瓷柱、瓷瓶配线间距。水平线路允许偏差 10 mm，垂直线路允许偏差 5 mm，用拉线、吊线、尺量检查。

3. 护套线配线的允许偏差、弯曲半径和检验方法

（1）固定点的间距。允许偏差或弯曲半径为 5 mm，用尺量检查。

（2）水平或垂直敷设的直线段。水平线路允许偏差 5 mm，垂直线路允许偏差 5 mm，用拉线、吊线、尺量检查。

（3）最小弯曲半径。允许偏差或弯曲半径为不小于 3b（b 为护套线截面厚度），用尺量检查。

4. 槽板配线的允许偏差和检验方法

水平或垂直敷设的直线段。水平线路允许偏差 5 mm，垂直线路允许偏差 5 mm，用拉线、吊线、尺量检查。

二、电气性能验收

1. 线路绝缘电阻的检验

应采用500 V绝缘电阻表测量线路的绝缘电阻，测量内容由电源进线直到各使用电器的所有线路，确保无遗漏。主要测量相线之间、相线对零线和地线之间的绝缘电阻。各线间绝缘电阻值不得小于0.5 MΩ。

2. 通电试验

应该对每一用电器具、插座、开关进行通电试验，同时检查控制开关是否在相线上，插座各孔是否按规范分别接在相线（右孔）、零线（左孔）及保护接地（零）线（上孔）上；对漏电开关也要进行动作性能的试验。

三、外观质量验收

1. 选用的导线和线路器材是否符合技术要求的规定。

2. 线路的类型是否适合使用环境的要求。

3. 线路的离地高度是否符合技术规定。

4. 线路装置的各支持点是否牢固可靠。

5. 线路的回路是否接错，是否漏接。

6. 线路的每个连接处的过渡连接是否有遗漏，连接的质量是否可靠，是否安装得整齐美观。

第四单元　室内照明设计与电器安装实例

学习要点：

1. 了解光的基本概念及室内照明设计与要求。
2. 掌握白炽灯、荧光灯电路的正确连接和各种灯具的正确安装方法。

模块一　照明设计基础

灯具照明是室内设计的重要组成部分，为搞好室内电气照明设计，首先要了解光和照明技术的一些基本概念，以便在装饰装修中能更好地把握。

一、基本概念

白色的太阳光，实际上是由红、橙、黄、绿、蓝、靛、紫七种单色光组成的。太阳光束通过三棱镜折射，得到一条绚丽的七彩光带，这是由于各种颜色的光通过棱镜时折射角度不同所引起的。我们能够看到物体呈现出的某种颜色，是由于光照射到该物体上时，一部分光被物体表面反射，另一部分光被物体吸收，剩下的穿过物体透射出去。我们看到的是反射（或透射）出的某种单色光。

1. 光通量与照度

光通量是反映光源发光能力的物理量，以人眼睛所能感觉的光为基准来衡量光源，在单位时间内向周围空间发射并引起光感的能量大小，称为光通量。单位是流明（lm）。例如，40 W 的白炽灯的光通量是 350 lm，40 W 的直管荧光灯的光通量是 2 400 lm。光通量与光源的功率及发光效率有关，常见照明光源的光通量见表 4—1、表 4—2、表 4—3、表 4—4。

光照度是反映光照在物体表面上强弱程度的物理量，人们能否看清一个物体，取决于光照在物体表面上的强度。我们把物体单位面积（1 m^2）上所得到的光通量叫做光照度，光照度等于物体表面所得到的光通量与该物体表面积的比值，照度的法定计量单位为勒克斯（lx）。

$$光照度=\frac{光通量}{面积}$$

照在 1 m^2 面积上的光通量为 1 lm 时，光照度为 1 lx。

例 功率为 40 W 的白炽灯，发出的光通量为 350 lm，假设光向周围空间均匀辐射，试求距离光源 1.5 m 处桌面上的光照度。

分析：白炽灯相当于点光源，在相同半径的球面的光照度可以认为是均匀的，球面上某点的光照度等于光通量与其球面积的比。

解：受光面为半径 1.5 m 的球面积：

$$球面积=4\pi r^2=4\times3.14\times1.5^2=28.26\ m^2$$

$$光照度=\frac{光通量}{面积}$$

$$=\frac{350}{28.26}=12.38\ lx$$

书写、阅读需要的光照度为 75～300 lx。不能满足书写、阅读需求。

若将此光源与桌面的距离改为 0.5 m，计算可得桌面上的光照度为 111 lx，可满足书写、阅读需求。

若桌面距离光源仍为1.5 m，将此光源换成40 W的日光灯，计算可得桌面上的光照度为85 lx，也可满足书写、阅读需求。由此可见，在装饰装修中要满足某一位置的用光要求，既要考虑光源的光通量，又要考虑光源与用光位置的距离。在光源发出的光通量一定时，调整光源与用光位置的距离，可改变用光位置的光照度，距离近，光照度高；距离远，光照度低。在距离一定时，增加光源光通量可增加用光位置的光照度。

2. 发光强度与亮度

在光源发出的光通量一定时，光射向空间的角度越大，光就越弱；反之，光射向空间的角度越小，光就越强。我们把光源在某一特定方向的单位立体角内所发出的光能量，称为光源在该方向上的发光强度。在上面的例题中，光源发出的光是射向周围整个空间的，若用反光板加以限制，使其射向的空间角度是原来的二分之一，桌面上光的强度就会增加二倍。

亮度是物体表面的明亮程度。在相同光照度下，不同颜色的物体有不同的视觉效果。并列放着黑色和白色两个物体，总觉得白色物体要亮得多，这是物体表面反射程度不同造成的。在装饰装修中，设计某一位置的用光时要考虑室内墙面、家具等环境颜色的影响，若环境颜色亮（反光强）可适当降低光源的光通量。若环境颜色暗（反光弱）可适当提高光源的光通量。

二、照明方式与种类

1. 照明方式

（1）整体照明。灯具均匀布置在顶棚上，在各工作面上的照度均匀，空间任何地方的光线都处在充分明亮状态，使整体空间宽敞、明亮。

（2）局部照明。为了合理使用能源，只在工作、生活需要照明的地方才布置光源，在特殊的工作面上提供集中的光源，如台灯、床头灯、落地灯等。这种照明，通常在灯具上配有调光装置，以适应工作或休息的需要。

(3) 混合照明。混合照明是把整体照明和局部照明相结合，即在整体照明的基础上，增加局部照明。混合照明在居住建筑室内设计中应用较为普遍，如客厅、卧室、书房等大多采用这种照明方式。

2. 照明种类

(1) 直接照明。光源的全部或 90% 以上的光通量直接投射到被照射的物体上，如图 4—1a 所示。直接照明的光量大，易产生炫光（直接照射入眼睛的光）和阴影，常用于客厅或局部区域的照明，如吸顶灯及光束灯照明。

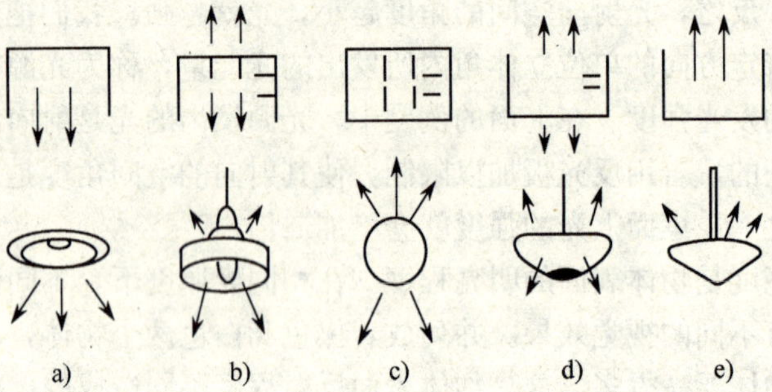

图 4—1 照明种类

(2) 半直接照明。光源 60%～90%的光通量直接投射在被照射的物体上，10%～40%的光通量经过反射后再投射到被照射的物体上，如图 4—1b 所示。半直接照明的特点是光线较柔和、不刺眼，常用于卧室、书房。

(3) 漫射照明。光源 50%的光通量直接投射在被照射物体上，另外 50%的光通量通过反射投射到被照射物体上，如图 4—1c 所示。为控制炫光，通常使用半透明的塑料或玻璃做灯罩，使光线均匀地扩散到周围空间，光线比半直接照明更柔和。门厅、阳台常采用漫射照明。

(4) 半间接照明。光源 60%～90%的光通量经过反射后照射到物体上，只有少量光通量直接射向被照射的物体，如图 4—1d 所示。半间接照明可以起到淡化阴影和调节亮度的作用，常用于门厅、卧室。

（5）间接照明。光源 90%以上的光通量先照射到墙上或顶棚上，再反射到被照射物体上，如图 4—1e 所示。这种照明光线柔和、不刺眼，无强烈的阴影，能创造出安静、祥和的室内氛围。间接照明常用于餐厅、客厅、卧室。灯具安装位置大多在顶棚和柱、墙壁上，如灯槽、壁灯等。

3. 灯光照明的合理位置

光源与用光的具体位置总是要有一定距离和角度，结合人在室内的活动范围和家具的陈设位置，恰当地选择距离和角度，光照度不仅能满足功能要求还能增强整体空间的层次感，如图 4—2 所示。

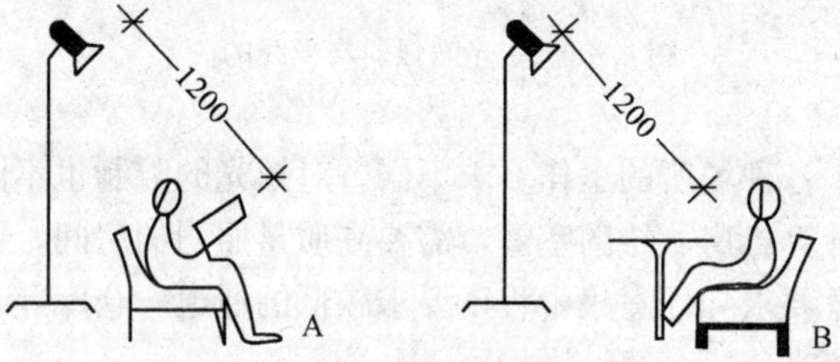

A位置比B位置亮1/4

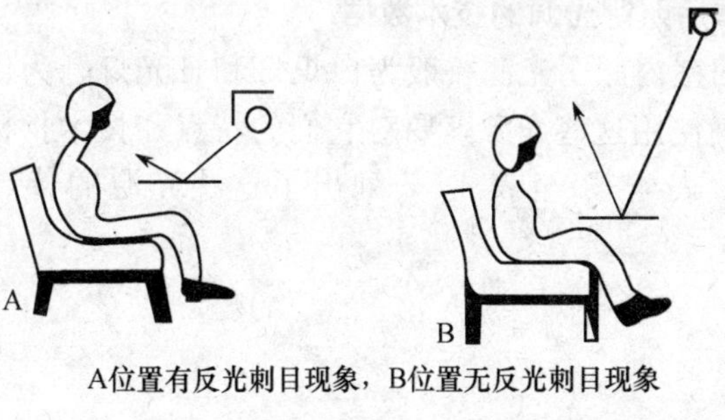

A位置有反光刺目现象，B位置无反光刺目现象

图 4—2　人体位置与光线照射的关系

正确地选择光源的位置可解决好炫光的问题，达到减小或消除炫光的目的。炫光的程度与发光体对眼睛的角度有关，角度越小，炫光现象越强。角度越大，炫光现象越弱，如图 4—3 所示。

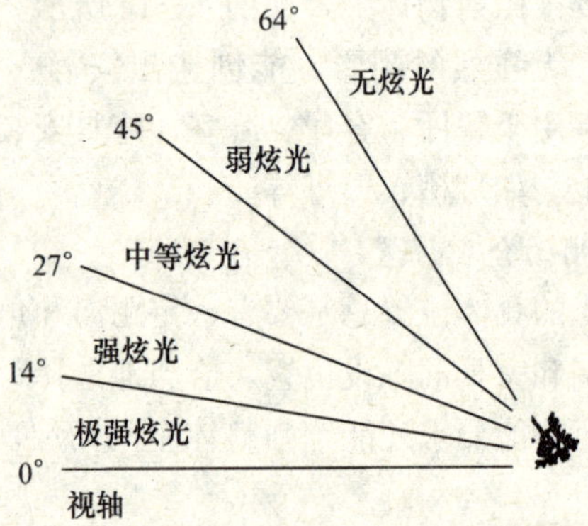

图 4—3 炫光的强弱与视线的关系

由于各种场所的工作要求不同，对炫光的限制也不同，如手术室、计算机房、绘图室等，需要高质量照明的房间，要求无炫光；视觉要求和注意集中程度要求较低的通道、仓库等，可以有一定的炫光。

三、常用照明光源的技术数据

常见的室内照明光源一般为白炽灯和日光灯，为保证合理选择与正确使用这些光源，要对它们的特点和技术指标有所了解和掌握，表 4—1 至表 4—5 列出了这些光源的特点及技术数据。

表 4—1 **白炽灯技术数据**

灯泡型号	额定值			平均寿命(h)
	电压(V)	功率(W)	光通量(lm)	
PZ220—15		15	110	
PZ220—25		25	220	
PZ220—40		40	350	
PZ220—60	220	60	630	1 000
PZ220—100		100	1 250	
PZ220—150		150	2 090	
PZ220—200		200	2 920	

表 4—2 **直管日光灯技术数据**

灯管型号	功率(W)	光通量(lm)	平均寿命(h)	主要尺寸(mm)	
				直径	管长
YZ4RR	4	70	700		134
YZ6RR	6	160		16	210
YZ8RR	8	250	1 500		288
YZ10RR	10	410		26	330
YZ15RR	15	580	3 000		437
YZ20RR	20	930		38.5	389
YZ30RR	30	1550	5 000		894
YZ40RR	40	2400			1 200
YZ85RR	85	4250		40.5	1 763.8
YZ125RR	125	6 250	2 000		2 374.9
YZ100RR	100	5 000		38	1 200

表 4—3　　　　节能日光灯技术数据

名称	型号	额定功率 (W)	光通量 (lm)
电子节能灯	DULUX EL 5W/41—827	5	200
	DULUX EL 7W/41—827	7	400
	DULUX EL 11W/41—827	11	600
	DULUX EL 15W/41—827	15	900
	DULUX EL 20W/41—827	20	1 200
	DULUX EL 23W/41—827	23	1 500
单管节能灯	DULUX EL 5W/21—840	5	250
	DULUX EL 7W/11—860	7	375
	DULUX EL 9W/31—830	9	600
	DULUX EL 11W/41—827	11	900
双管节能灯	DULUX EL 10W/11—840	10	600
	DULUX EL 13W/21—840	13	900
	DULUX EL 18W/31—830	18	1 200
	DULUX EL 26W/41—827	26	1 800
三管节能灯	DULUX EL 13W/21—840	13	900
	DULUX EL 18W/31—830	18	1 200
	DULUX EL 26W/41—827	26	1 800
	DULUX EL 13W/21—840	13	900
	DULUX EL 18W/31—830	18	1 200
	DULUX EL 26W/41—827	26	1 800
	DULUX EL 32W/41—827	32	2 400
	DULUX E 42W/21—840	42	3 200
长管节能灯	DULUX L 18W/21—840	18	1 200
	DULUX L 24W/21—840	24	1 800
	DULUX L 36W/31—830	36	2 900

续表

名称	型号	额定功率（W）	光通量（lm）
长管节能灯	DULUX L 40W/31—830	40	3 500
	DULUX L 55W/41—827	55	4 800

表 4—4　　U 形管与圆形管日光灯技术数据

型号	外形	功率（W）	光通量（lm）	平均寿命（h）
URR—30	U 形	30	1 550	2 000
URR—40		40	2 200	
CRR—20	圆形	20	930	
CRR—30		30	1 350	
CRR—40		40	2 200	
YU15RR	U 形	15	405	1 000
YU30RR		30	1 165	
YU20RR	圆形	20	698	

表 4—5　　不同光源的优缺点及其适用场所

名称	适用场所	优点	缺点	发光原理
白炽灯	①住宅、走廊光照度要求不高的场所 ②局部照明、事故照明	①结构简单、使用方便 ②显色性好 ③价格便宜 ④能瞬时点亮	①大部分变成热辐射能，可见光仅占 2%～3% ②寿命 1 000 h	钨丝白炽体高温热辐射
日光灯	①需要较高光照度的场所 ②需要正确辨别色彩的场所 ③无天然采光的地下建筑物	①光线柔和 ②光效高，约为白炽灯的 2～4 倍 ③寿命长，2 000～3 000 h	①温度低于 −10℃时启动困难 ②低光照度（80 lx 以下）时有昏暗感	紫外线激励管壁荧光粉发光

模块二 室内照明设计与要求

一、几种室内部位的照度要求

人们正常的工作、学习、生活要有一个合适照度的光亮，才能感到舒适，照度调整不当常使人感到疲劳，影响健康。不同的室内空间由于功能不同，要求的照度也不一样，例如：读书、写字、缝纫等要求照度高一些，用餐、洗涤只要中等的照度，看电视、听音乐和走廊用较低的照度照明即可。不同的照度会给人带来不同的感觉，高照度使人感到明快，气氛活泼，而低照度使人感到轻松、宁静、亲切。不同的工作环境和生活环境对照度的要求是不相同的。国家对不同生活环境都规定有照明照度标准。使用时可根据具体条件综合考虑。几种室内场所部位光照度推荐值见表 4—6。

表 4—6　　住宅光照度标准（推荐值）

类别		光照度标准值（lx）			说明
		低	中	高	
客厅 卧室	一般活动	30	50	75	
	看电视	10	15	20	
	书写、阅读	150	200	300	宜设局部照明
	床头阅读	75	100	150	
	精细工作	200	300	500	宜设局部照明
餐厅	一般活动	30	50	75	
	餐桌面	50	75	100	

续表

类别		光照度标准值（lx）			说明
		低	中	高	
厨房		50	75	100	宜设局部照明
卫生间	一般卫生间	10	15	20	
	洗澡、化妆	30	50	75	

注：光照度标准中的低、中、高档值，均为距离地面 0.75 m 高度水平面的光照度值。

二、光色、灯具与环境匹配

1. 光色与象征

光的颜色是由光作用于人的视觉神经系统所引起的一种感觉。要产生色感，必须要有光，有光才有色。因人的感情、习惯、修养、兴趣、经历等不同，同一种色彩给人的心理感受也不一样。地域差异、民族差别、信仰不同对色彩的喜好差异也较大，但人们对色彩的喜爱也有一定的共性，这是选色用色的基础，但不能生搬硬套。现就一些色彩的象征分别介绍如下：

红色可以作为温暖、热情、喜悦、胜利、斗争和勇敢的象征。另外，红色还象征警觉、危险与灾难。

绿色是生命的象征，是青春、和平、希望、健康的标志。

蓝色象征着永恒、崇高、恬静、理智、清凉、深远。另外，蓝色又有消极、冷清、保守、抑郁的意味。

黄色象征着高贵、庄严、丰收、光明、光辉等。

紫色象征着优美、高贵、尊严。另外，紧色又有孤独、神秘的意味。

白色象征着洁净、素雅、坦率、单一、纯洁和明亮。

黑色是神秘、恐怖、严肃、寂寞的标志和象征。

2. 室内色彩选配的一般原则

室内环境给人们带来的美感是光源的光亮、光色，灯具的造型、风格与室内环境的协调统一共同创造的效果。为使人们的生活更加舒适，设计室内照明时，应考虑色彩对人的生理和心理产生的影响。注意色彩的选配，以求光色与居室布置和家具的色彩和谐，获得典雅、大方、舒适、豪华的效果。

客厅的色彩应热烈、欢快，主色调一般应为橘黄色、乳黄色、浅红色和褐红色等，灯具的选择要创造一种华丽、亲切的气氛。可以用白炽灯配以茶色、奶白色、淡绿色、杏黄色玻璃及灯罩或适当采用一些彩色筒灯等装饰灯。

卧室有一定的私密性，要求有温暖、宁静的气氛，灯具要典雅、光色柔和，亮度最好可调。

中老年人应选用偏暖色调；青年人应选用优美的奶黄色、米黄色、奶白色等色调；性格内向的人，可选用暖色和跳跃性的色调；在工作中长时间凝视红光的人应选用冷色调。

3. 室内各场所的设计要求

(1) 客厅。客厅是活动和接待客人的地方，其照明设计如下：

较大的客厅可采用整体照明和局部照明两种方式，如装一只40 W日光灯，或100 W白炽灯，或一只均匀漫射的吊灯，另外装一两只漂亮的壁灯或落地灯；装饰天花板较矮的客厅，可安装嵌入式灯具，也能收到美化效果。小的客厅采取一种照明方式，如装一只30 W日光灯或60 W白炽灯。不同面积房间使用荧光吊灯的功率参考值见表4—7。

照明灯具在不同情况下的光照度参考值见表4—8。

整体照明和局部照明之间要统一考虑。在光线不足的地方，以及需要阅读的地方可增加局部照明；对于客厅兼做餐厅的场所，餐桌上方应使用投射光线多的灯具。

整体照明可采用吸顶灯、吊灯、花灯，安装在屋顶的中央，开关装在房门口。另外还可配以筒灯、射灯等装饰灯具。局部照明光源可用落地灯或壁灯。

表 4—7　不同面积房间使用荧光吊灯功率的参考值

房间面积（m^2）/ 功率（W）/ 灯具形式	5～8	8～11	11～14	14～17
大部分光线向下的灯具	30～40	40～60	60～80	70～100
部分光线向上、部分光线向下的灯具	30～60	60～100	60～100	80～120
大部分光线向上的灯具	60～120	60～160	—	—

表 4—8　照明灯具在不同情况下的光照度参考值

灯种	功率（W）	灯罩	不同距离时的光照度（lx）			
			0.5 m	0.75 m	1 m	1.25 m
白炽灯	25	无	36	19	11	7
		有	48	46	24.5	15
	40	无	107	49	29	21
		有	200	96	57	39
	60	无	175	82	50	32
		有	342	160	95	62
荧光灯	8	有	200	95	57	34
	20	有	440	225	160	94
	30	有	680	380	255	170
	40	有	782	470	298	220

(2) 卧室。卧室的灯光应以柔和的暖色为主，以构成宁静、舒适的环境。一般可采用整体照明和局部照明相结合的方式。整体照明灯具应没有炫光，眼睛不能直接看到光源。要在房间里产

生一个照度均匀的环境。

整体照明可采用吸顶灯、小型吊灯或日光灯，最好采用调光灯，以便根据需要调节照明亮度。局部照明可采用台灯、床头灯、壁灯和落地灯。

（3）书房。书房的照明质量直接影响学习、工作的效率和眼睛的健康。通常采用整体照明和局部照明相结合的方式。两者的照度之比以 1∶3 为宜。注意工作面与周围环境的亮度比。据统计，一个人在灯下看书写字，1 小时内有意无意地要抬头 20 次左右，视线忽而在光线明亮部分，忽而在光线较暗部分，瞳孔忽大忽小，就会引起视觉疲劳，影响学习效果。

（4）餐厅。餐厅宜采用整体照明和餐桌上方局部照明相结合的形式。

整体照明可采用吊灯、吸顶灯等灯具，装在屋顶的中央。餐桌上方的照明可采用暖色调的白炽灯或日光灯，既能增加餐桌上的亮度，又能使菜肴的颜色更靓丽。

（5）厨房。厨房灯具不必过分讲究装饰艺术，应注重用电安全。灯具应易于清洁，可采用玻璃或搪瓷灯罩，以防灯具受潮或受腐蚀而造成短路、漏电等事故。应采用通电即亮的白炽灯，而不宜采用日光灯。

（6）卫生间。卫生间宜安装通电即亮的白炽灯，不宜采用日光灯，可以用瓷质平灯头或吸顶灯安装在卫生间的天花板上。灯具应避免安装在坐便器的后方和浴缸的上方。

三、灯具种类及适用场所

（1）吸顶灯。吸顶灯是直接固定在顶棚上的灯具，向下投射直接光，属整体照明，光源以白炽灯和日光灯为主。以白炽灯作光源的吸顶灯，大多采用半透明塑料罩或玻璃罩，这种光源给人以温暖的感觉；以日光灯作光源的吸顶灯，大多采用有机玻璃、金属格片作为灯罩，如图 4—4 所示。

（2）镶嵌灯。镶嵌灯也称嵌顶灯，是嵌装在顶棚内的隐蔽或

图 4—4　吸顶灯

半隐蔽式灯具，其最大特点是顶棚整体效果较好。灯具下面可以是开敞的，也可以另设挡板，借以控制光量的强弱。镶嵌灯常用于建筑净高较大，能作吊顶的门厅和客厅，其点状布置形式似满天繁星，极富情趣，如图 4—5 所示。

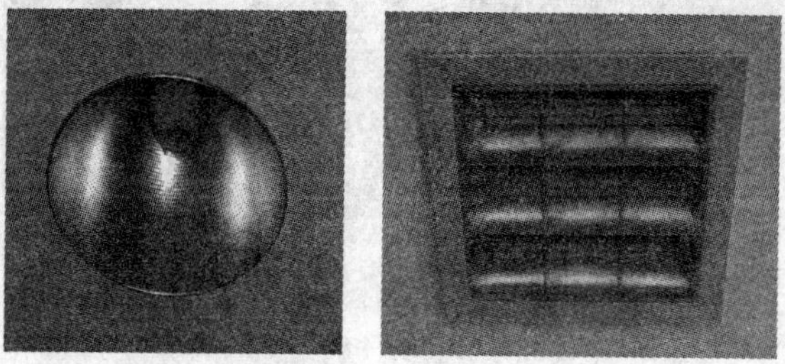

图 4—5　镶嵌灯

(3) 吊灯。吊灯是装饰性最强的一种灯具。它直接垂吊在顶棚上，灯形多种多样，材料各异，有金属、塑料、玻璃、竹编以及木制的，能适应各种不同装饰风格的要求。吊灯的大小、形状、层次应和空间性质、大小、形状、气氛相适应。吊灯常用于客厅和卧室，如图 4—6 所示。

(4) 壁灯。壁灯是装在墙面和柱面上的装饰性灯具，造型精致灵巧，光线柔和，通常和其他灯具配合使用。壁灯多用于床头、梳妆台、走廊、门厅的墙面或柱面上，其灯罩材料有透明玻璃、压花玻璃或磨砂玻璃等，多采用金属支架，如图 4—7

所示。

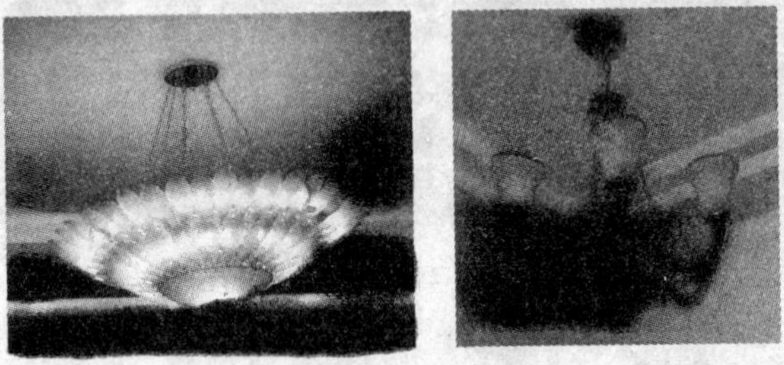

图 4—6　吊灯

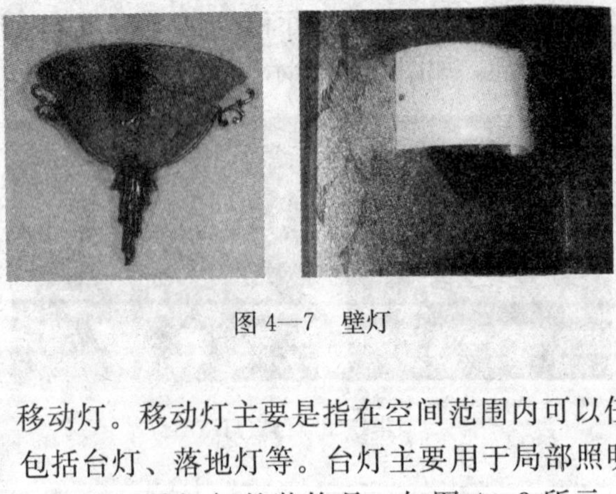

图 4—7　壁灯

（5）移动灯。移动灯主要是指在空间范围内可以任意移动的灯具，包括台灯、落地灯等。台灯主要用于局部照明，它不仅是实用灯具而且是极好的装饰品，如图 4—8 所示。台灯的光源可用白炽灯和日光灯，灯罩和灯座的形式和材料种类丰富，只要灯座和灯罩从造型、色彩、体量上配置得当，就可取得富有个性的艺术效果。落地灯也属于可移动的灯具，常置于沙发、茶几附近。落地灯由灯杆和灯罩组成。灯罩形式和台灯灯罩相似，只是形体较大。灯杆通常以金属镀铬材料居多，形式多种多样。

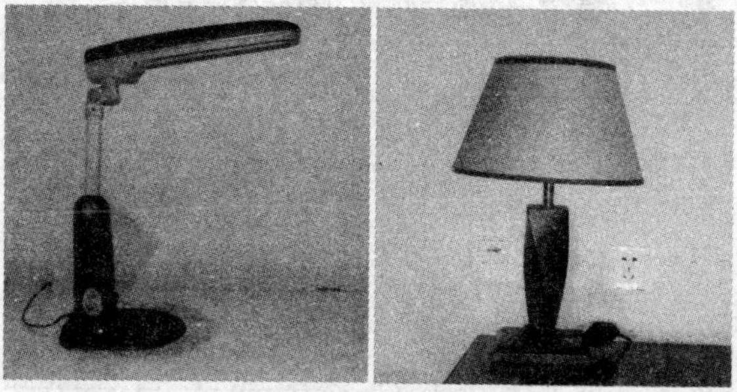

图 4—8　台灯

模块三　照明灯具的安装

一、安装要求

1. 要读懂灯具说明书和设计布置图。

2. 灯具安装必须牢固，固定灯具用的木螺钉或螺栓不少于两个。当灯具质量超过 3 kg 时，应固定在预埋的吊钩或螺栓上。在空心楼板处固定在 T 字形螺栓上，不得采用凿眼打楔的方法固定。

3. 采用梯形木砖固定壁灯灯具时，木砖应随土建施工砌入墙内，禁止采用圬埋方法埋设（质量很轻的壁灯除外）。

4. 灯具安装高度，第一要考虑不能让人及物件碰到灯具，第二要避免产生炫光，室内一般照明灯具的最低悬挂高度见表 4—9。

5. 灯开关应接在相线上，不能接在零线上，开关离地面高度一般不应小于 1.3 m。

采用螺口灯座时，相线应接在连接螺口灯座中心簧片的端子上，零线接在螺口部分。

6. 普通吊线灯，当灯具质量在 1 kg 及以下时，可直接用软线吊装；质量 1 kg 以上的灯具，应采用吊链吊装。

表 4—9　　室内一般照明灯具的最低悬挂高度

光源种类	灯具类型	光源功率（W）	最低悬挂高度（m）
白炽灯	有反射罩	100	2.5
		150～200	3.0
		300～500	3.5
	乳白玻璃漫射罩	100	2.0
		150～200	2.5
		300～500	3.0
日光灯	无反射罩	40	2.0
		40	3.0
	有反射罩	40	2.0
		40	2.0

用软线吊装灯具时，在灯吊盒和灯座内应做结扣，以免接线端子受力，造成断线、短路等事故。根据机械强度的要求，室内照明灯头用铜芯软线，线芯最小截面为 0.5 mm^2。

7. 照明灯泡与可燃物之间应保持一定的距离，在灯泡正下方不可存放可燃物质，以防碎裂时掉落火花引起火灾。

8. 对装有白炽灯泡的吸顶灯具，灯泡不应紧贴灯罩。当灯泡与绝缘台之间的距离小于 5 mm 时，灯泡与绝缘台之间应采取绝缘措施。不要将导线敷设在高温灯具的上部。

9. 固定花灯的吊钩，如用圆钢制作，其直径应不小于灯具吊挂销钉的直径，且不得小于 6 mm。

10. 采用钢管做灯具的吊杆时，钢管直径一般应不小于 10 mm。

11. 安装在木台上的照明灯具，其导线端头绝缘部分应超出木台面。

二、灯具安装

1. 吊灯的安装

一般吊灯安装于结构层上，如楼板、屋架下弦或梁上，小型吊灯常安装在顶棚上。步骤如下：

(1) 结构层检查。在安装吊灯前，应对结构层进行强度检查；安装在顶棚上的吊灯，也应对顶棚进行检查。

(2) 放线、定位。吊灯安装位置，应按设计要求，事先定位放线。

(3) 安装底座或吊钩。吊灯软线必须绝缘良好，不得有接头，导线截面积不得小于 0.4 mm^2。在挂线盒内的接线应采取防止灯具跌落的措施。

质量超过 1 kg 的灯具应设置吊链（或吊杆），可以用几只木螺钉将吊灯的底座固定在预先埋好的木砖上，如图 4—9 所示。也可用塑料胀管固定于楼板上，埋胀管孔的轴线必须与顶棚平面垂线成不小于 20°的角度。切不可用塑料胀管垂直于楼板固定，因为塑料胀管受向下的拉力作用，容易脱出而使灯具跌落。塑料胀管固定的安装方法是：用冲击钻在天花板上打安装孔，砸入塑料胀管，再用木螺丝钉固定底座。

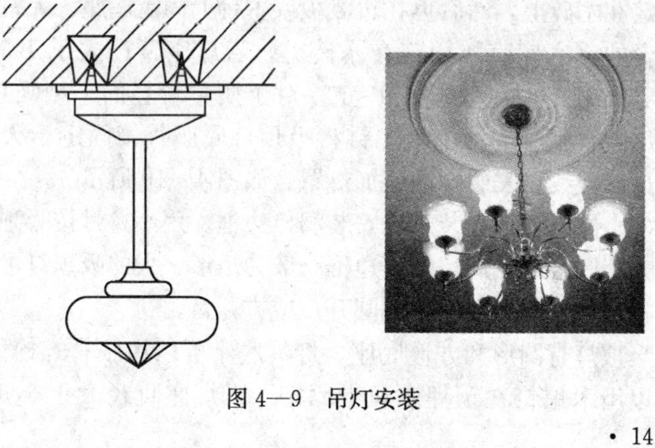

图 4—9　吊灯安装

质量超过 3 kg 时，应采取预埋吊钩或螺栓固定。固定件承载力应与灯具的质量匹配。吊钩用圆钢的直径不得小于灯具挂销及挂钩的直径，且不得小于 6 mm，吊链灯的灯线不应受力，灯线应与吊链编叉在一起。

螺栓的规格取决于灯具的体积、质量，但公称直径不得小于 M6，多灯头时，螺栓的公称直径不得小于 M8，螺栓数量不得少于 2 枚。

(4) 吊挂灯具，连接电路。大型吊灯要用专用绞车悬挂固定。

在使用吊杆安装时，吊杆出顶棚面有直接出和加套管出两种方法。加套管法有利于安装，可保证顶棚面板完整。直接出顶棚的吊杆对装饰效果有影响。吊杆应有一定长度的螺纹，用于调节高低。

2. 吸顶灯的安装

安装前应读懂照明电路平面布置图，了解灯具的形式、大小、连接构造，以便确定预埋件位置和开口位置及大小。确定是直接安装于天花板上还是嵌入顶棚。

(1) 直接安装于天花板上。用木螺钉将吸顶灯底座固定在预先埋好的木砖上，有过渡板或木台的，先将过渡板或木台用木螺钉固定在木砖上，然后再在过渡板或木台上固定底座。无过渡板或木台的将底座直接固定在木砖上。当灯座直径大于 100 mm 时，必须用 2～3 个木螺钉固定。对于质量较轻的小型吸顶灯，也可用塑料胀管或一个木螺钉将吸顶灯底座直接固定于天花板上。最后接线、安装灯泡、加灯罩。如图 4—10 所示。

(2) 嵌入顶棚安装。先安装洞口边框。用小龙骨按吸顶灯开口的大小围合成孔洞边框，边框一般为矩形。大的吸顶灯可在局部需补强部位加斜撑，做成圆开口或方开口。

吸顶灯有圆形和方形底座，灯具底座可以用胀管螺栓固定，也可以用木螺钉在预埋木块上固定。当灯座直径大于 100 mm

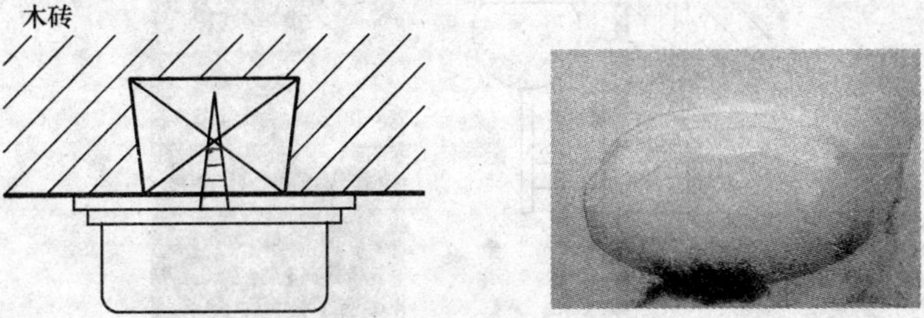

图 4—10　吸顶灯安装

时，必须用 2 枚螺钉。当采用预埋螺栓固定时，穿透螺栓公称直径不得小于 M6。灯具在底台上固定一般用木螺钉。木螺钉数量不得少于给定的安装孔数。

嵌入顶棚的装饰灯具应固定在专设的框架上，导线不应贴近灯具外壳，且在灯盒内留有余量。矩形灯具的边框应与顶棚的装饰直线平行，灯具的边框应紧贴在顶棚面上。

以白炽灯作光源的吸顶灯具，不得直接安装在可燃构件上，灯泡不得紧贴灯罩。当灯泡与绝缘台之间的距离小于 5 mm 时，应采取隔热措施。白炽灯的功率不得超过灯具允许使用的最大功率。

3. 壁灯的安装

首先要根据设计要求确定安装位置及配线方式。壁灯的安装高度一般以灯具底座中心距地面 2～2.2 m 为宜，床头壁灯则以距地面 1.2～1.4 m 为宜。

(1) 采用暗配线方式时，根据壁灯的安装尺寸，先在安装面上确定固定点，预埋接线盒，选择合适规格的膨胀螺栓，用冲击钻在固定点上打孔，放人膨胀管。从接线盒内按要求把壁灯电源线接好，再用螺栓固定，如图 4—11 所示。

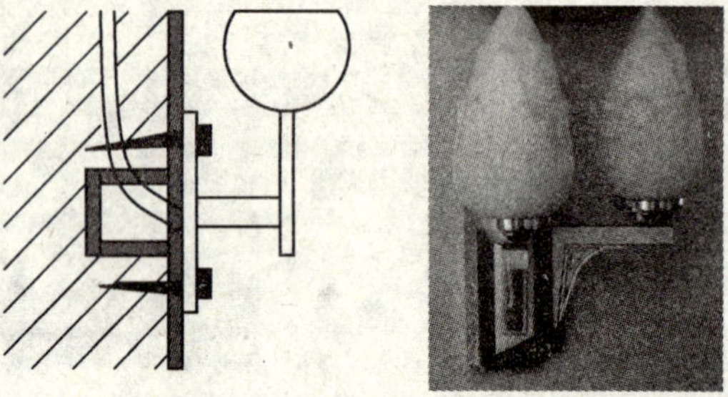

图 4—11　壁灯安装

（2）采用明配线方式时，在安装壁灯部位预埋木砖，将壁灯固定在木砖上。也可用膨胀螺栓将木台固定在墙面上，再将壁灯安装在木台上，然后连接电源线和开关。

4. 筒灯的安装

筒灯是嵌入式灯具，适用于吊棚上安装，安装后紧贴吊棚，有很好的装饰性，点状布置形式似满天繁星，如图 4—12 所示。灯具筒体两侧对称部位各有一只卡簧作为固定装置。开口处在灯口方向，用蝶形螺帽调整卡簧的间距。筒灯的安装步骤如下：

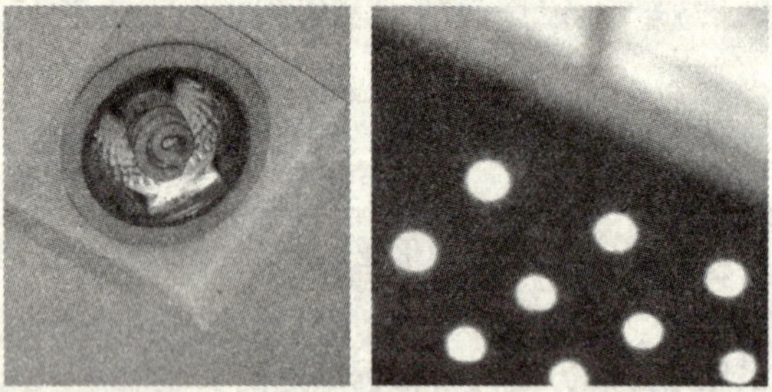

图 4—12　筒灯安装

（1）按筒灯尺寸在吊棚安装位置处画线钻孔。

（2）将吊棚内预留电源线与灯具接好。

（3）调整筒灯固定弹簧片的蝶形螺母，使弹簧片的厚度与吊棚高度相等。

（4）把筒灯推入吊棚开孔处，装上合适的灯泡。

三、白炽灯的安装

安装白炽灯时，灯的位置与高度应适当，使灯光照射均匀、明亮。开关应串接在相线上，开关与插座离地面高度一般不应小于 1.3 m，生产、生活上有特殊要求时，插座可以装低，但离地面应不小于 15 cm。

1. 白炽灯照明的基本电路接线图

白炽灯照明的基本电路由电源、接线、开关、负载（白炽灯）等组成，常用的基本电路有以下几种，如图 4—13 所示。

图 4—13c 中把两只双联开关安装在甲乙两地，可以实现在甲乙两地都能控制光源。

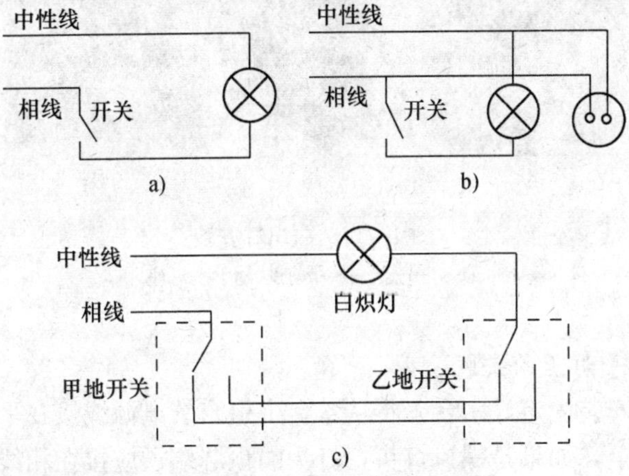

图 4—13　白炽灯接线图

a）一只开关控制一盏灯　b）一盏灯与插座并联

c）两只双联开关在两个地方控制一盏灯

2. 吊式灯座的安装

在木台上打两个穿电源线的孔，用木螺钉将木台固定在预埋木砖上（事先穿好导线）。用两个木螺钉将灯吊盒底座固定在圆木台上。截取适当长度的两电源线端头，除去端头上的绝缘层。分别将两端头裸线弯成小圈，套在灯吊盒接线端子的小螺钉上，并拧紧小螺钉。把花线打一个结，将花线的另一端穿入灯吊盒的盒盖，拧上灯吊盒的盒盖，将导线穿入吊灯头盒盖，再将花线打结，分别将两线头弯成圆圈，套在灯头的接线端子上，并拧紧小螺钉，拧上吊灯头盒盖。如果是螺口灯头，灯头的顶芯端子应接在相线上，螺纹端子接在零线上，如图 4—14a、b 所示。

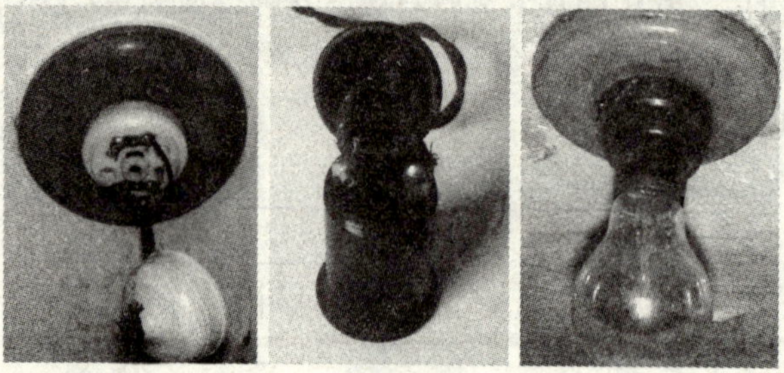

a)　　b)　　c)

图 4—14　白炽灯安装

a）灯吊盒　b）吊灯头　c）平灯座

3. 平灯座的安装

先安装固定好木台，将从木台中引出的电源线接在平灯座的接线柱上，如果是螺口灯头，灯头的顶芯端子应接在相线上，螺纹端子接在零线上。用木螺钉将平灯座固定在木台上。连接电源开关，安装上灯泡，如图 4—14c 所示。

四、日光灯的安装

日光灯是用途非常广泛的照明灯具，由灯管、镇流器、启辉器、灯座、灯架等组成。

1. 日光灯工作原理

日光灯工作全过程分启辉和工作两种状态，灯管的灯丝又叫阴极，通电后发热，预热到 850～900℃时（约通电 1～3 s后），阴极发射电子，但日光灯管属长管放电发光类型，启辉前内阻较高，阴极预热发射的电子尚不能使灯内形成回路，需要施加较高的电压。此时灯管内阻很大，镇流器因接近空载，其线圈两端的电压降极小，电源电压绝大部分加在启辉器上，在较高电压的作用下，氖泡闪动、静触片之间就产生辉光放电而逐渐发热。U 形双金属片因温度上升而动作，触及静触片，于是就形成启辉状态的电路回路。接着，因辉光放电停止，U 形双金属片随着温度下降而复位，动、静两触片分断，于是，在电路中的电流瞬时为零，使镇流器电感线圈中产生较高的感应电动势，出现瞬时高电压，使灯管内惰性气体被电离而引起弧光放电，随着弧光放电而使管内温度升高，液态汞就汽化游离，游离的汞分子因运动激烈而撞击惰性气体的机会剧增，于是就引起汞蒸气弧光放电，这时辐射出紫外线，激励灯管内壁上的荧光材料而发出可见光，光色近似日光色，因而称为“日光灯”。

灯管启辉后，内阻下降，镇流器两端的电压降随即增大，加在氖泡两极间的电压也随之下降，不足以引起极间辉光放电，两触片保持分断状态，不起作用；因灯管内气体电离而形成通路。灯管进入工作状态。

镇流器有两个作用：一是阴极预热时，限制灯丝所需的预热电流值，防止预热温度过高而烧断，并保证阴极电子发射能力；二是在灯管启辉后，维持灯管的工作电压和限制灯管工作电流在额定值以内，以保持灯管能稳定放电。根据上述工作特点，通常都采用由铁心和线圈组成的镇流器。

启辉器也可用按钮代替，在维修时，临时用绝缘导线两线芯触碰启辉器基座两极，同样可以起到启辉器导通后瞬时断开的作用。

2. 安装

日光灯的安装方法有多种，有悬挂式、吸顶式、嵌入式等。日光灯使用的镇流器有扼流镇流器和电子镇流器两种。我们所需安装的一般都是已经组装好的灯盒，自己组装的情况很少，若需要自己组装，必须进行接线正确性检查，日光灯接线如图 4—15 所示。安装时将荧光灯盒按不同的安装方式固定，如图 4—16 所示。

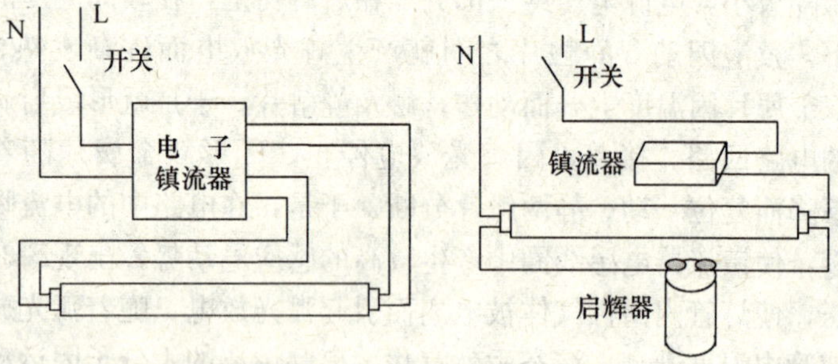

a)　　b)

图 4—15　日光灯接线图

a）使用电子镇流器安装接线　b）使用一般镇流器安装接线

（1）悬挂式安装。先按白炽灯的安装方式安装吊灯盒，用吊链固定装配好灯盒，连接好电源线和开关，并仔细检查，确定无误，将裸露的导体用绝缘胶带包缠，安上灯管，如图 4—16 所示。

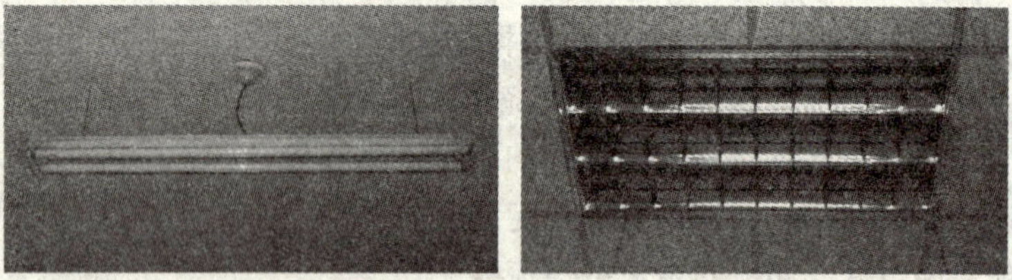

a)　　b)

图 4—16　日光灯安装

a）悬挂式安装　b）嵌入式安装

(2) 吊顶式安装。先连接好电源线，并仔细检查，确定无误，将裸露的导体用绝缘胶带包缠，用螺钉固定灯架，安装灯管。

(3) 嵌入式安装。将灯具嵌入顶棚内，灯具固定在T形轻钢龙骨上，也可固定在侧面的木桁条上。在天花板隔离层内敷设PVC塑料管，连接电路，做好绝缘处理，安装灯管。

3. 安装注意问题

(1) 镇流器必须和电源电压、灯管功率相配合。

(2) 启辉器规格需根据灯管的功率大小来决定，启辉器宜装在灯架上便于检修的位置。

模块四 电风扇和抽油烟机的安装

一、吊扇的安装

吊扇的安装要求如下：

1. 安装高度要合适，一般吊扇叶距地面不得小于2.5 m。

2. 吊扇挂钩应安装牢固，挂钩直径应不小于吊扇悬挂销钉直径且不得小于8 mm，销钉应装设防振胶垫且应有可靠防松脱装置。

3. 在吊扇组装时严禁改变扇叶的角度，扇叶固定螺钉应加弹簧垫以防松脱。吊杆之间、吊杆与电动机之间的螺纹拧合长度每端不应小于20 mm，且应装防松销钉或螺钉。

4. 调速开关应与吊扇功率配套，吊扇接线应正确。运转时扇体不得有明显晃动，扇叶不应有明显颤动，如图4—17所示。

二、壁扇的安装

壁扇与吊扇相比，体积小、质量轻，安装简单。壁扇的安装要求如下：

1. 壁扇底座可采用两个及两个以上直径不小于8 mm的膨

图 4—17 吊扇

胀螺栓固定。下侧边缘距地应不小于 1.8 m，壁扇底座应固定牢固。

2. 壁扇的防护罩应扣紧，运转时扇叶和防护罩均不应有明显的颤动并且没有异常响声。

3. 塑料外壳的壁扇，不必采用保护接地（接零）；金属外壳的壁扇，必须采用保护接地（接零）。

三、换气扇的安装

换气扇安装在墙上或安装在窗户上。一般安装位置较高，人体不易触及，其外壳和叶片是塑料制品，一般不采取保护接地。

换气扇的电源开关安装高度不应低于 1.5 m，安装位置应避免油气、水蒸气直接熏到。

1. 安装在墙上

先在墙上开洞，在洞内嵌入木框，用木楔把木框固定牢，四周用水泥砂浆封上。待水泥砂浆凝固后，把换气扇嵌入木框中，用木螺钉固定。接上电源和开关。

2. 安装在窗户上

若是木窗框，在调整好木窗框大小后，将换气扇固定在木窗框上。若是钢窗框，先做一个木框套在钢窗框内，固定牢，再用木螺钉将换气扇固定在木框上，然后接上电源和开关。

四、抽油烟机的安装

抽油烟机是一种厨房换气装置。抽油烟机的体积较大，但质量不大，安装简单。用膨胀螺栓或木螺钉固定在墙体上，如图4—18所示，机体下表面距灶具高度一般为0.80～0.85 m，离地1.8 m左右，安装步骤如下：

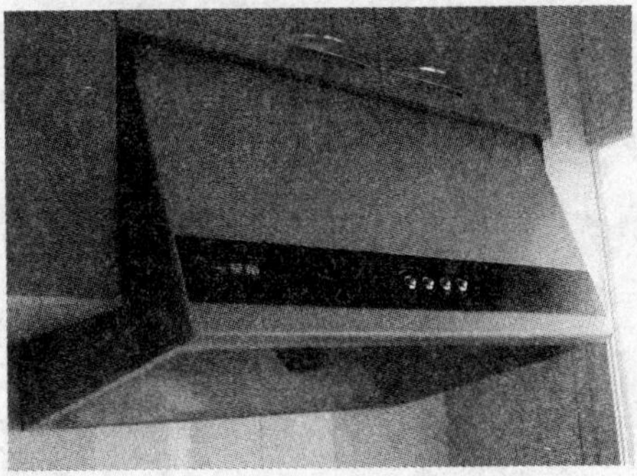

图4—18　抽油烟机

1. 定位

根据厨房装修设计，抽油烟机应悬挂在灶台的正上方，紧靠墙安装。测量机体的两端伸出挂耳相关尺寸。从墙上找出固定挂耳的位置，划线定位。

2. 打孔

利用冲击电钻在固定挂耳的墙上钻两个水平孔，孔深约30 mm，将胀管塞入孔中。

3. 固定

用膨胀螺栓或木螺钉通过挂耳孔旋入胀管中紧固，并调整好机体的位置，将风管插装于机体的排气口上，风管的另一端应伸到室外并装有防风倒灌的装置。管子尽可能靠墙安装，并注意美观。

抽油烟机若为金属外壳，则应采取保护接地（接零）。

以上介绍了一些常用灯具和电器的安装，但是灯具和电器的结构形式千差万别，既有共同性，又有个性，只要掌握好安装的基本技术要领，认真阅读产品说明书，就能做到正确安装。